고양이 안내서

고양이 안내서

초판 1쇄 인쇄 2023년 10월 12일
초판 1쇄 발행 2023년 10월 30일

지은이 스테판 게이츠 | 옮긴이 오지현
펴낸이 홍석
이사 홍성우
인문편집부장 박월
책임편집 박주혜
편집 조준태
디자인 디자인잔
마케팅 이송희·김민경
관리 최우리·김정선·정원경·홍보람·조영행·김지혜

펴낸곳 도서출판 풀빛
등록 1979년 3월 6일 제2021-000055호
주소 07547 서울특별시 강서구 양천로 583 우림블루나인비즈니스센터 A동 21층 2110호
전화 02-363-5995(영업), 02-364-0844(편집)
팩스 070-4275-0445
홈페이지 www.pulbit.co.kr
전자우편 inmun@pulbit.co.kr

ISBN 979-11-6172-888-9 04490
        979-11-6172-887-2(세트)

고양이 안내서

우리가 고양이에 대해 궁금했던
온갖 과학적 사실들

스테판 게이츠 지음
오지현 옮김

풀빛

차례

8장 고양이 vs 개

9장 고양이의 먹이

들어가며

아주 비과학적인
소개말

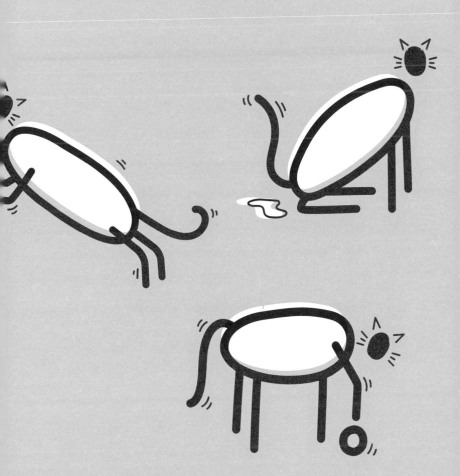

《고양이 안내서》는 아주 멋스럽고, 변덕스러우며, 자기중심
적이고, 속을 알 수 없는 데다가, 소파를 엉망진창으로 만들
어 놓고, 헤어볼을 토해 내며, 새를 공포에 떨게 하는 전 세계
3억 7,300만 마리의 털뭉치들을 칭송하는 책이다. 이 털뭉치
들은 교묘하게 우리 삶 속에 들어와 어찌어찌하여 우리를 녀
석들에게 푹 빠지게 만들었다.

　이 책은 여러분의 집에 있는 반려묘라는 동물학 연구 대
상 뒤에 숨겨진 과학적 사실들을 알리기 위해 집필되었다. 엄
밀한 의미에서 과학 도서이기는 하지만, 과학적 사실을 거침
없이 다루다가도 반드시 중간 중간 멈춰 서서 감정과 과학적
증거가 서로 영향을 주고받는 현실 세계를 차근차근 이해하
는 시간을 가질 것이다. 그런 의미에서 지금 잠깐 설명할 시

간을 주길 바란다. 나는 최근 17년에 걸쳐 2마리의 고양이를 키웠다. 톰 게이츠는 오래된 자동차 엔진 소리처럼 가르랑거렸는데, 먹성 좋은 육중한 평화주의자이자 내가 너무나도 끔찍하게 아끼던 사랑둥이였다. 솔직히, 먹이를 챙겨 주는 이웃에게 가서 몇 달 동안 지낸 적도 있었지만, 그때도 녀석은 늘 온순하고 다정하게 행동했다. 그런 톰이 떠났을 때 나는 펑펑 울고 말았다.

지금 키우는 고양이 치키는 악랄한 두 얼굴의 꼬마 악당이다. 내 머리 위에서 잠을 자고, 쓰다듬어 달라고 졸라 대며 발톱을 내밀어 나를 할퀴고, 아침마다 내 눈꺼풀을 핥아 들어 올리는가 하면, 신이 나서 온 집안 가구를 엉망으로 만들어 놓기 일쑤다. 치키가 앉아 있기 좋아하는 장소는 (하필 치키의 괄약근과 내 코가 수평을 이루는) 키보드 위이며, 이 글을 쓰는 내내 (기껏해야 엉망진창인 치키의 철자법 실력으로) 본문을 다시 쓰고, 파일을 지우고, 아무 메일이나 발송하며 훼방을 놓았다. 치키는 상자를 좋아하고, 진공청소기 소리와 내가 녀석의 몸에 있는 벼룩을 없애려고 내는 쉭쉭거리는 소리를 싫어한다. 어두워지면 수줍고 애처롭게 변하며, 이따금씩 불쌍한 개에게 주먹을 날린다. 녀석이 아무리 사람을 꺼린다지만, 사실 그와 비교할 수 없을 정도로 질색하는 대상은 바로 함께 사는 감성적인 사냥개 블루이다. 물론 블루는 치키를 너무너무 좋아한다. 그런데 참 이상하다! 치키의 죽 끓듯 반복되는 변덕은 불합리하고, 알 듯 모를 듯 모호하며, 무어라 형용할 수 없는, 우리가 사랑이라 부르는 호르몬 폭포가 내 안에서 요동치게 한다.

나는 고양이가 부럽다. 본능에 따르고 자극에 반응하며 사는 삶의 단순함이 부럽고, 거의 온종일 하는 일 없이 빈둥거리는 자족감이 부럽다. 단순히 재미를 좇는 행동을 하다가 갑자기 아드레날린이 충만한 사냥, 싸움, 짝짓기로 태세를 전환할 수 있는 능력이 부럽다. 우리가 아는 한 고양이들은 추상적 사고, 희망, 야망, 죄책감, 우유부단함, 도덕적·윤리적 갈등, 그리고 시기심이라는 부담에서 자유롭다. 그런데 녀석들은 집에 있어 주는 것만으로도 우리에게 삶의 목적의식과 자칭 부모로서의 욕구를 부여해 주고, 애정과 보살핌에 몰두하게 하며, 돈 나가는 구멍이 되어 주고, 정서적, 정치적, 경제적 그리고 애정적 혼란으로부터 기분 전환을 시켜 준다. 고양이들에 대해 알면 알수록 우리 자신에 대해서도 더 많이 알게 되는 것, 여기에 고양이와 함께 사는 것의 묘미가 있다.

진화적 관점에서 고양이는 온기, 은신처, 먹이, 그리고 귀 뒤 간지럼을 얻기 위해 최근에야 인간의 영역으로 들어왔다. 본질적으로 고양이는 야생의 포식자, 육식 동물임은 여전하다. 이 육식 동물은 우리 인간과 함께 살기 위해 이례적으로 종을 뛰어넘는 믿음을 갖는 데 성공했다. 우리의 삶 안에서 고양이와 함께한다는 것은 대단한 특권이다. 물론 변덕, 무관심, 하악질, 토하기, 녀석들이 사냥해 온 포유류의 긴 핏자국, 엉망진창이 된 가구와 같은 문젯거리도 분명 있다. 하지만 이 모든 말썽에도 나는 여전히 고양이가 우리에게 얻는 혜택보다 우리가 고양이에게서 얻는 혜택이 훨씬 더 많다고 생각한다.

이 책을 읽어 주어서 정말 감사하다. 나는 과학 커뮤니케이터라 불리는 사람들로 결성된 엉뚱하고도 사랑스러운 패거리의 일원이며, 우리는 여러분에게 놀라운 사실들을 들려줄 때뿐만 아니라 배우는 과정에서 짜릿함을 안겨 줄 때 엄청난 기쁨을 얻는 사람들이다. 이 책에 담긴 모든 지식 가운데 여러분이 마음속에 담아 갔으면 하는 딱 한 가지가 있다면, 바로 과학은 매혹적이고도 충격적이며, 모르던 것을 알려 주고, 툭하면 아주 아주 웃기다는 점이다.

◎

사자, 표범, 퓨마, 오실롯, 그리고 아주 수려한 마눌들고양이를 포함해서 고양잇과에는 수십 종이 존재한다. 하지만 실제로 이 책에서 다룰 고양이가 무슨 종인지는 우리 모두 잘 알고 있다. 그렇지 않은가? 바로 여러분의 반려묘다. 요약하자면, '고양이'라는 용어가 쓰일 때 별다른 언급이 없다면, 나는 언제나 집고양이(Felis catus)에 대해 이야기하고 있는 것이다.

* 경고

이 책의 어떤 내용도 수의학적 조언이나 행동 과학적 견해 혹은 훈련 팁을 표방하지 않는 것을 원칙으로 한다. 반려묘에 대해 우려되는 사항이 있다면 정식 수의사나 동물 행동 전문가와 상담하길 바란다.

동물을 다정하게 대해 주세요. 동물이 세계를 경험하고 지각하는 방식은 인간의 방식과 매우 다르다는 점을 기억해 주세요.

톰에게. 네가 그리워.

고양이는
어떤 동물일까?

간추린
고양이의 역사

2,000만~1,600만 년 전
최초의 진정한 고양이로 여겨지는 선사 시대 고양이 프세우다엘루루스는 주로 유라시아 대륙에 서식하다가 북아메리카로 이주했다.

700만~600만 년 전
고양잇과의 선조로부터 고양이아과의 살쾡이속, 마눌고양이속, 그리고 (오늘날 집고양이를 포함하는) 고양이속이 분화되었다.

800만 년 전
집고양이의 먼 친척들이 북아메리카 대륙에서 진화했다.

250만 년 전
사나운 이빨이 인상적인 스밀로돈은 (검치호랑이의 한 종류로서) 절멸되기 전까지 남북 아메리카 대륙에 서식했다.

3,500만~2,800만 년 전
고양잇과는 에오세 후기/올리고세 초기에 유래했다.

600만 년 전
집고양이의 먼 친척들이 아시아 대륙으로 돌아왔다.

기원전 2890년
고대 이집트인은 사자의 머리(나중에는 고양이 머리)를 한 여신 바스테트를 숭배했다.

기원전 9500년
중앙아시아의 비옥한 초승달 지대에 농업사회가 발달했다. 농업=저장된 곡식=설치류= 설치류를 잡아먹는 고양이

기원전 450년
이집트에서는 고양이를 죽게 하면 사형에 처했다(의도치 않게 죽게 해도 사형당했다고 함).

기원전 400년~서기 1년
이집트에서 고양이는 여전히 신성시되면서도 점차 산업적 규모로 사육되었고, 도살되어 미라로 만들어져 신전을 찾아온 사람들이 봉헌할 제물거리로 팔렸다.

기원전 5500년
표범살쾡이(표범이 아니라, 일반적인 집고양이와는 구별되는 몸집이 작은 야생고양이)가 중국에서 개별적으로 가축화되었다.

기원전 7500년
길들여진 고양이의 유골이 보존된, 키프로스에서 발견된 무덤 유적의 추정 연대다.

기원전 2000년
이집트에서는 애완동물로 고양이를 길렀다.

기원전 300년

영국 철기 시대에 축조된 것으로 추정되는 언덕 요새 유적에는 고양이와 쥐의 뼈가 보존되어 있는데, 이는 로마 정복이 시작되기 전에 영국에 고양이가 소개되었음을 시사한다.

1233년

교황 그레고리오 9세가 악마 숭배와 고양이를 결부시킨 결과, 수백만 마리의 고양이가 살생된다.

962년

벨기에의 도시 이프레에서 고양이 숭배가 금지되었다.

이곳에 잠들다

캐츠브스
캐토폴로브스

기원전 7201-7212

부디
고(양)이 잠드소서.

1715년

계몽 시대가 시작되면서 교회가
더 이상 강력하게 여론을 이끌
지 못하자, 고양이는 애완동물
로서 더욱더 인기를 얻었다.

1823년

교황 레오 12세(1823~1829)가
미체토라는 이름의 고양이를
키웠다.

1658년

고양이는 여전히 악마로
묘사된다. 일례로, 성직
자 에드워드 탑셀은 "마
녀의 친구들은 아주 일
상적으로 고양이의 모습
으로 나타난다"라고 기
록했다.

1817년

벨기에의 도시 이프레에
서 살아 있는 고양이를
종탑에서 내던지는 관습
이 사라졌다.

1665년

런던에 창궐한 선페스트는 쥐에 기생하면서 질병을
운반하는 벼룩에서 비롯되었다. 그런데도 감염병의
원인으로 고양이가 지목되어 결국 20만 마리의 고
양이와 4만 마리의 개가 도살되었다(들쥐를 잡아먹
는 포식자가 제거되는 결과를 낳았다).

1895년
미국 뉴욕의 매디슨스퀘어
가든에서도 처음으로 본격
적인 고양이 쇼가 열렸다.

2014년
고양이
게놈 지도가
완성된다.

1900년
뉴욕의 수천 마리 페럴 캣
(feral cat)들이 '인도주의적
이유'로 일제히 포획되어
독가스로 살해당했다. 아이
들은 고양이를 한 번 포획
할 때마다 5센트씩 받았다.

1947년
고양이 배변용 모래가
미국에서 상용화되었다.

1975년
영국 해군 군함에 고양이를
태우는 것이 금지되었다.

1871년
영국 런던의 크리스털 팰리
스에서 처음으로 본격적인
고양이 쇼가 열렸다.

1910년
60마리가 넘는 고양이를 길렀던
플로렌스 나이팅게일이 세상을
떠났다.

고양이 비료

1888년, 이집트의 한 농부가 두 곳의 신전 근처에서 30만 구가 넘는 고양이 미라가 묻혀 있는 대규모의 무덤을 발견했다. 이 고양이 미라들은 버려지는 대신 겉싸개가 벗겨져 미국과 영국으로 옮겨졌고 그 지역 농부들에게 영양가 높은 비료로 쓰였다.

고양이는 본질적으로
귀여운 호랑이인 걸까?

그렇다. 아니다. 그런 셈이다.

고양이는 자연의 무시무시한 최상위 포식자와 비슷한 점을 갖고 있다. 바로, 상대를 기죽게 한다는 점이다. 호랑이와 집고양이는 모두 단독 생활을 하는 고양잇과 동물이며, 육식 동물이자, 쏙 집어넣을 수 있는 개폐식 발톱과 30개의 이빨로 살벌하게 무장한 재빠른 매복 포식자이다. 두 동물 모두 기어오르기, 할퀴기, 풀 뜯어 먹기, 그리고 다른 물건에 제 냄새 묻히기를 무척 좋아한다.

이들은 해부학적 그리고 생리학적 측면에서 공통적으로 방향과 공간을 감지하는 감각털, 털, 서골비(코에 있는 호미 모양의 뼈) 기관, 눈 속 반사판, 침 뱉는 듯한 소리, 하악거리기, 이빨을 드러내고 으르렁대기와 그르렁대기 같은 표현법, 가르랑 소리를 내는 능력(호랑이는 내쉬는 숨에 의해서만 가르랑댈 수 있다), 먹잇감을 죽이기 위해 목 뒤에 이빨을 박는 습성, 그리고 모든 걸 떠나서 새끼일 때 상상을 초월할 만큼 귀엽다. 또한 두 동물 모두 잠을 많이 자고, 캣닢을 좋아하며, 상자 안에 들어가 노는 것을 즐기며, DNA의 95.6%가 서로 일치한다. 그럼 고양이는 본질적으로 호랑이일까?

바나나와 1% 닮았네

고양이는 호랑이와 DNA가 95.6% 일치하지만, 그렇다고 여러분의 고양이가 호랑이와의 일치율이 95.6%라는 뜻은 아니다. 우리 인간은 쥐와 DNA가 85% 일치하고, 초파리와는 61%, 바나나와는 (가끔 보도되는 것처럼 50%가 아니라) 1% 일치한다고 해서, 우리가 쥐와의 일치율이 85%, 초파리와 61%, 바나나와 1%라는 뜻은 아닌 것처럼 말이다. 그보다는 지구상 모든 생명체는 16억 년 전에 단 하나의 세포에서 진화했으며 우리 모두 산소에 의존한다는 공통점이 있다는 뜻에 가깝다. 그러니까 우리 모두는 아주 먼 친척 관계인 셈이다.

전적으로 그렇지는 않다. 고양이와 호랑이가 아주 비슷하게 생긴 것은 맞지만, 호랑이가 몸집이 더 크다는 사실은 인정해야 한다. 보통 크기의 호랑이 1마리에 보통 크기의 고양이 39.625마리를, 특별히 몸집이 큰 수컷 호랑이에는 보통 크기의 고양이 77.5마리를 겨룰 수 있다. 그러니 먹잇감의 입장에서는 집고양이가 낮은 수준의 잠재적 위험 대상일 수밖에 없다.

게다가 집고양이는 호랑이보다 훨씬 더 요란스럽다. 그리고 진화적 측면에서 약 1,080만 년 전에 중간 혹은 그보다 작은 고양이족인 고양이아과에서 대형 고양이족인 표범아과가 갈라져 나왔으므로, 이 두 동물이 서로 관련이 있긴 해도 엄밀하게 말하면 형제자매는 아니다.

물론, 우리 모두는 자신의 반려묘를 은근히 대형 고양잇과 동물로 여기고 싶어 하기 때문에, 행동 특성상 고양이아과와 표범아과 동물들 사이에 다른 점보다 비슷한 점이 더 많다는 사실을 알면 여러분은 무척 흐뭇할 것이다. 〈비교 심리학지(Journal of Comparative Psychology)〉에 발표된 2014년도 한 연구는 심지어 집고양이가 성격의 주요한 세 가지 요인, 즉 '권

위적, 충동적, 그리고 신경질적인' 면에서 아프리카 사자와 같다고 결론 내렸다. 정곡을 찌른 셈이다.

집고양이, 야생 고양이, 그리고 페럴 캣의 차이점은 무엇일까?

아주 미미하다. 여러분의 집고양이는 근본적으로는 아프리카 들고양이(Felis lybica)인데, 그 조상들이 아마 약 1만 년 동안 수 세대에 거쳐 인간과 함께 살아왔을 것이다. 농업 발달 직후 인간이 곡식을 저장하기 시작했고, 그 곡식이 설치류를 유인하기 시작한 시점에 우리 생활권으로 들어왔을 것으로 추정된다. 결국 야생 고양이는 설치류를 쫓다가 인근 사람들과 덜컥 관계를 맺게 된 셈이다. 아마도 사람들은 야생 고양이를 가까이에 두고 유해 동물을 제어하기 위해 그들에게 음식 찌꺼기를 제공해 주었을 것이다. 이 야생 고양이의 다음 세대들은 인간 곁에서 지내면서 갈수록 인간들과 잘 어울리게 되는데, 결과적으로 이들에게 인간의 곁은 안전하게 번식할 수 있는 곳이 된 것이다. 집고양이와 아프리카 야생 고양이(African wildcats)는 너무 비슷해서 2003년이 되어서야 마침내 집고양이가 펠리스 카투스(Felis catus)라 불리는 야생 고양이(Wild cat)의 고유한 아종임이 확정되었다.

야생 고양이는 공교롭게도 잿빛 연회색 털에 얼룩무늬가 있는 흔하디 흔한 집고양이처럼 보인다. 야생 고양이가 집고양이를 닮은 것이 아니라 야생 고양이의 생김새가 원래 그렇기 때문이다. 야생 고양이는 아프리카 대륙, 아라비아반도 및 중앙아시아 전역에서 발견되며, 특히 산악 지대에서 자주 발견되지만 사하라 사막 같은 사막 지대에서도 서식한다. 야생 고양이에서 분화된 이래로, 집고양이는 크기가 살짝 줄어들고 몇몇 측면에서 좀 더 길들이기 쉬워진 것을 제외하고는 상대적으로 둘 사이에 변화는 거의 없었다. 아마 인간 및 인간 환경에 대한 수용 능력이 있고 애착을 보이는 특정 야생 고양이가 집고양이로 선별되었을 것이다.

반면 페럴 캣(Feral cats)은 아주 오래전에 스스로 도망치거나 주인에게 버려져 야생에서 살게 된, 어디까지나 집고양이이다. 만약 우리의 고양이가 가끔씩 탈출해 집에 돌아오지 않는다면, 반려묘가 바로 페럴 캣처럼 될 수 있는 것이다. 애묘인들에게는 섭섭하게 들리겠지만, 보통 페럴 캣은 주인 없이도 아주 훌륭하게 살고 있으니 정말 다행인 일이다. 일단 페럴 캣은 스스로 인간과의 접촉을 피하고, 누군가 쓰다듬으려 하면 선뜻 받아들이지 않으며, 야생동물을 잡아먹는 습성으로 회귀하는 경향을 보인다. 호주의 한 논문에서 밝힌 바에 따르면, 호주에서 반려묘 1마리가 한 해 평균 110차례 살생을 하는 것에 비해, 페럴 캣 1마리는 새, 포유동물, 그리고 파충류를 한 해 평균 576차례 살생한다.

많은 사람들이 크고 작은 성과를 내며 페럴 캣을 억제하기 위한 노력을 해 오고 있다. 그중 길고양이 중성화 사업(포획-중성화 수술-제자리 방사)은 가장 인도주의적인 방법으로 여겨지고 있지만, 어마어마한 자원이 드는 것에 비해 전체 고양이 개체 수에 끼치는 영향력은 미미한 듯하다.

단독 생활을 하는 야생 고양이와는 달리, 페럴 캣은 대규모 사회 집단을 이루어 생활한다는 점에서 특이하다. 이 집단에서 고양이들은 먹이, 물, 그리고 은신처와 같은 필수 요소들을 나눠 갖는 것이 허락되며, 새끼 고양이들을 키울 때 서로 도움을 주고받기까지 한다. 아무리 그렇다 하더라도 집고양이, 페럴 캣, 그리고 아프리카 야생 고양이는 놀랍도록 비슷하며 모두 이종 교배될 수도 있다.

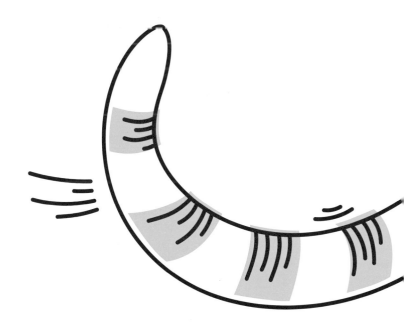

2장

고양이의 몸

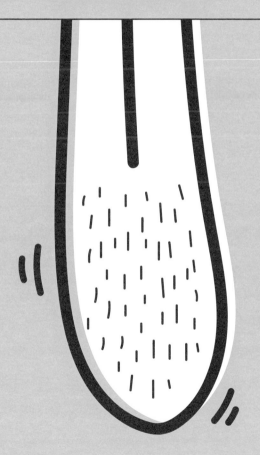

고양이의 혀는
왜 그렇게 까끌까끌할까?

고양이가 여러분을 핥아 준 적이 있다면 이미 알고 있을 것이다. 고양이 혀의 감촉이 마치 거친 사포처럼 요상하게 거칠거칠해서 여러 번 핥지 않아도 살갗이 벗겨질 것 같은 느낌 말이다. 나는 아주 잘 알고 있다. 내 고양이는 거의 매일 아침 6시경에 내 눈꺼풀을 핥아 들어올리기 때문이다. 정말로, 핥아서 들어올린다. 정말이지, 여러분이 짐작하는 것처럼 불쾌하다.

〈미국국립학술원회보(PNAS)〉에 발표된 논문에 의하면, 고양이의 혓바닥은 끝이 목구멍 쪽을 향해 굽은 수백 개의 미세한 돌기, 즉 속이 빈 유두로 덮여 있다. 연구팀은 컴퓨터 단층 촬영(CT)을 통해 이 돌기를 분석했을 뿐만 아니라, 고양이가 혀로 털을 핥는 모습을 슬로우 모션으로 찍어서 이때 벌어지는 현상을 규명했다. 밝혀진 바에 따르면, 각각의 돌기는 국자를 엎어 놓은 듯한 형태로 속이 비어 있는 구조라, 혀 위에 일정량의 침을 스며들게 할 수 있다. 그리고 이 침은 나중에 고양이가 그루밍, 즉 털 손질을 할 때 털 위로 옮겨진다(짐작건대, 고양이가 생전 목욕할 필요성을 느끼지 않는 이유가 이 때문일 것이다).

연구진은 사자와 호랑이의 혀까지 조사하여 동일한 돌기 구조를 확인한 후, 모든 고양잇과 동물의 혀가 같은 방식으로 기능한다는 결론을 내렸다. 논문에는 다음과 같이 기술되어 있다. "이 돌기는 털 아래 깊은 구석까지 모세관 작용으로 침을 침투시키는데, 돌기의 밑동 부분이 잘 휘어져서 혀에서 털 가닥들이 쉽게 떼어진다."*

혀의 이런 구조 덕분에 고양이는 복잡한 다중 털 구조를 갖고 있으면서도 다른 어떤 동물보다 더 깨끗하게 제 몸을 닦을 수 있다(고양이가 항상 개보다 좋은 냄새를 풍기는 여러 가지 이유 중 하나이다). 또한 고양이는 물을 마실 때, 혀끝으로 핥아서 물을 입안으로 끌어올리기 위해 돌기에 의해 생성되는 표면 장

---

* 전체 논문은 온라인상에서 자유롭게 이용 가능하며 대단히 흥미로운 읽을거리를 담고 있다(https://www.pnas.org/content/115/49/12377).

력을 추가적으로 이용한다(반면 개는 조절 가능한 정도의 물을 튀기기 위해 혀를 오히려 망치처럼 이용하는 셈이다). 이런 돌기 구조가 새벽녘에 내 눈꺼풀을 들어올리는 만행에 대한 변명이 될 수는 없으나, 어쨌든 참 신기하긴 하다.

지상 최대의 혀

몇 분 정도 짬이 날 때 인스타그램에서 @ragdoll_thorin 페이지를 둘러보길 바란다. 묘한 푸른빛의 눈동자는 제쳐 두고, 고양이 토린의 아주, 아주, 아주, 긴 혀에 주목하자. 세계에서 가장 긴 고양이 혀에 대한 공식 기록은 없지만, 토린의 혀가 거물급임은 분명하다.

고양이 몸은 어떻게
잘 구부러질까?

고양이는 민첩한 사냥 기계이다. 인간 뼈 개수보다 약 20% 더 많은 고양이 뼈는 가볍고도 단단한 골격 구조로 촘촘히 들어차 있다(인간 뼈 206개, 고양이 뼈 244개). 이 더 많은 뼈들은 주로 등과 꼬리에 있는데, 스피드와 균형감, 그리고 민첩성에 기여한다. 그렇다 하더라도 사실 고양이의 전매특허는 유연성이다. 고양이 특유의 유연성은 한 곳에 딱 맞춰져 있지 않고 자유자재로 움직이는 앞다리와 척추뼈 사이의 느슨한 연결 부위에서 나온다. 다시 말해, 앞다리는 몸통과 뼈로 바로 붙어 있지 않고 근육과 인대로 어깨에 연결되어 있다. 이런 특징은 고양이가 몸을 잘 휠 수 있게 해 주며, 멀리 뛰기, 기어오르기, 상체 늘이기, 움직이는 사냥감 잡기, 그리고 큰 동물의 손아귀에서 빠져나오는 데 도움이 된다. 이 말은 고양이가 제 몸을 비틀어 좁은 공간에도 비집고 들어갈 수 있다는 뜻이다.

고양이의 쇄골은 어떤 다른 뼈와도 연결되지 않기 때문에 특히 목이 아주 유연하다. 그래서 털 손질을 할 때 머리를 양쪽으로 180도씩 돌릴 수 있다. 고양이가 어떤 구멍 속에 머리를 집어넣을 수만 있다면, 많은 고양이가 으레 머리에 이어 몸통 전체를 집어넣으려고 할 것이다(유튜브에서 관련 영상을 찾아보길 바란다. 그 순간 몇 시간은 아무것도 못하고 그것만 보게 될 것이다). 이 유연함은 스스로 바로 서는 고양이의 탁월한 기술을 가능하게 하는 결정적인 요인이기도 하다.

멀리뛰기 챔피언

기네스북에 따르면 고양이 멀리뛰기 공식 최고 기록은 182.88cm이며, 그 주인공의 이름은 알리이다.

고양이의 성

자, 모두 자리에 앉아 보자. 여러분 이상으로 나 역시 고양이 번식에 대해 이야기하면서 시간을 보내기는 싫다. 하지만 어쩔 수 없이 난 이 이야기를 끝내야 하니, 이 적나라한 챕터를 다 끝내기 전까지 자리를 뜨지 않길 바란다.

고양이는 생후 약 6개월에서 9개월 사이에 성적으로 성숙되고, 중성화 수술을 받지 않은 암고양이는 보통 매년 봄과 늦가을 사이에 발정기를 맞이한다. 먼저 난소가 호르몬을 생성하면, 암고양이는 냄새를 풍기고 짝짓기를 위한 울음소리를 내서 수고양이, 일명 톰캣(tomcat, 영어에서 수고양이를 뜻하는 관용어)을 유인한다. 발정기 중에 암고양이는 줄기차게 (고양이뿐만 아니라 사람에게도) 관심을 받고 싶어 한다. 그래서 사람들의 다리나 가구 표면에 몸을 비벼 대고, 발라당 누워 구르는

가 하면 척주전만 자세 혹은 로도시스(lordosis)라 불리는, 엉덩이를 치켜세우고 상체를 늘이는 동작을 한다. 심지어 사람들이 쓰다듬어 주면, 꼬리를 허공에 띄운 상태에서 앞발은 낮추고 엉덩이를 높이는 짝짓기 자세도 취한다.

교미는 대개 밤에 이루어진다. 암고양이 주변에는 그 지역의 톰캣들이 모이기 마련인데, 이 수고양이들은 소변을 뿌리고, 서로 다투고, 특유의 구슬픈 구애 울음소리를 낸다. 암고양이는 짝짓기에 막중한 책임이 있다. 가장 적합한 상대를 골라내고 호감이 생기지 않는 상대는 모두 공격하는 것이다. 결정을 마친 암고양이는 자신이 선택한 수고양이가 제 몸 위에 오르는 것을 허용한다. 그러면 수고양이는 안정적인 자세를 취하기 위해, 또는 제 안전을 위해 암고양이의 뒷덜미를 입으로 붙든다. 이렇게 하면 암고양이에게 깨물리지 않을 수 있기 때문이다. 그리고 음경을 질 속에 잠시 삽입한다. 이는 암고양이에게 고통스러운 과정이다. 수고양이의 음경에는 120~150개의 돌기가 나 있는데, 음경을 뺄 때 끝이 뒤쪽을 향하는 돌기들이 질에 상처를 내기 때문이다. 그 즉시 암고양이는 수고양이를 공격한다. 다소 엽기적으로 들리겠지만, 그 고통은 난소에서 난자가 배출되는 것을 촉진시킨다. 암고양이는 보통 아주 여러 번 짝짓기를 하는데, 다른 고양이뿐만 아니라 같은 상대와도 다시 한번 짝짓기를 하려 한다.

만약 짝짓기가 성공적으로 이루어지지 않아 암고양이가 임신하지 않은 상태라면, 이 고양이는 몇 주 후에 다시 발정기를 맞게 될 것이다. 짝짓기가 성공적으로 이루어지면, 63일 정도의 임신 상태를 지속하다가 한배에서 평균 3~5마리의 새끼 고양이들을 출산한다(물론 이보다 더 많을 수 있다). 이 새끼 고양이들이 모두 같은 아버지의 피를 물려받아 태어났을 수

도 있지만, 암고양이는 여러 수고양이들에 의해 수태되었을 수도 있다. 이런 경우에는 수고양이들이 새끼 고양이들에게 각기 다른 털 무늬를 물려주었을 것이다.

어떤가, 생각보다 성 이야기가 괜찮았지 않은가? 우리 모두 만족한 만한 수준으로 이야기한 것 같다. 좋다. 계속해서 다음 장으로 넘어가 보자. 여기서 벗어나서!

고양이는 오른발잡이 혹은
왼발잡이일 수 있을까?

벨파스트퀸즈대학 연구팀은 고양이가 먹이에 발을 뻗을 때, 계단을 내려가거나 장애물을 넘을 때 편측 운동을 한다는, 즉 일정하게 선호하는 발이 있다는 사실을 밝혀냈다. 다시 말해, 고양이는 오른발잡이 혹은 왼발잡이라는 것이다. 대체로 고양이의 73%가 먹이에 발을 뻗을 때 어느 한쪽 발만 더 자주 사용했으며, 이런 편향성은 각 개체의 성향에 따른 것이지만 암고양이들 중에는 오른발 사용을, 수고양이들 중에는 왼발 사용을 선호하는 편향성이 뚜렷이 존재했다.

연구팀은 암컷과 수컷의 이러한 차이를 설명하지는 못했지만, 이 연구의 공동 연구자인 데보라 웰스 박사는 특이한 연관성을 찾아냈다. 뇌의 우반구는 부정적인 감정 처리를 담당하는데, "왼쪽 사지를 주로 쓰는 동물들은 정보를 처리할 때 우반구에 더 많이 의지한다. 그래서인지 공포감을 더 강하게 느끼고, 감정을 과격하게 분출하며, 스트레스가 많은 상황에 잘 대처하지 못하는 경향을 보인다"라고 밝혔다. 물론 왼쪽 사지 편향성이 수고양이가 암고양이보다 화를 더 많이 내고 더 신경질적임을 증명하는 결론이라기에는 다소 무리가 있다. 하지만 확실히 이 부분에 대해서 아직 더 밝혀야 할 것이 많다.

그건 그렇고, 동물계에서 편측화된 운동 성향은 그리 생소한 현상은 아니다. 캥거루의 95%는 왼손잡이이고, 미첼유황앵무는 100% 왼발잡이이며, 소는 낯선 대상을 볼 때는 왼쪽 눈을 쓰지만 익숙한 대상을 볼 때는 오른쪽 눈을 쓴다.

발과 발톱의 과학

고양이는 지행 동물이다. 지행이란 발가락으로 걷는다는 뜻이다. 이런 특징은 고양이가 고도의 정확성으로 조용히 재빠르게 움직일 수 있도록 해 준다. 결국 반려묘들은 그 끝내주는 솜털 밑에 사냥꾼의 본능을 숨기고 있는 셈이다.

또한 고양이는 특이한 걸음걸이로 걷는다. 걸을 때 뒷발 한쪽을 방금 뗀 앞발 한쪽이 디뎠던 자리에 거의 정확하게 갖다 놓는 방식이다. 이러한 걸음걸이는 소음을 최소화하여 보다 효과적으로 몰래 사냥감에게 접근할 수 있게 해 준다. 더불어 다른 동물에게 뒤를 밟힐 만 한 자취를 덜 남기는 비법이기도 하다. 갯과의 동물 중에는 여우만이 이 걸음걸이 방식을 따른다.

고양이의 여러 특이한 점들 중 하나는 천천히 걸을 때의 걸음걸이인데, 고양이는 낙타와 기린, 이 두 동물과 걸음걸이 방식이 같다. 바로 측대보 방식인데, 왼편과 오른편 중 먼저 어느 한쪽 편의 앞뒤 두 다리를 옮긴 다음, 다른 편의 앞뒤 두 다리를 옮기는 것이다. 그러나 고양이가 빠른 걸음 정도로 스피드를 올리면 대부분의 포유동물처럼 대각보를 사용한다. 대각보란 대각선으로 마주보는 앞다리와 뒷다리가 동시에 움직이는 2박자 걸음걸이이다. 고양이가 속도에 박차를 가해서 전력 질주에 돌입하면, 다양한 비대칭적 4박자 걸음걸이를 사용한다. 자세히 살펴보면 반려묘의 다리가 땅을 박차는 시점이 각기 다르다는 것을 확인할 수 있을 것이다.

발

대부분의 고양이는 각 앞발에 5개, 각 뒷발에 4개, 다 합해서 18개의 발가락을 갖고 있다. 앞발에는 발톱을 수반한 4개의 발가락 볼록살이 있는데, 앞다리의 위쪽 부분에는 땅에 닿지 않는 다소 불필요한 며느리발톱이 하나 더 달려 있다. 또한 앞다리의 더 위쪽 부분에는 앞발목 볼록살이라 불리는, 손목 보호대와 비슷한 또 다른 볼록살이 붙어 있다. 이 부분은 정지 마찰력이 추가적으로 필요할 때, 그러니까 경사면을 내려갈 때 이용할 수도 있지만 사실상 더 이상 쓸모가 없는 진화적 사족으로 여겨진다. 뒷발은 더 간단하게 발가락이 4개이다. 앞뒤 발바닥 한가운데에는 큰 발바닥 볼록살(혹은 발허리 볼록살)이 튀어나와 있는데, 발톱이 붙어 있지 않으므로 진정한 발가락은 아니다.

헤밍웨이의 여섯 발가락 고양이들

고양이는 보통 18개의 발가락을 갖고 있는데, 발가락이 추가로 더 생기는 선천적 기형을 가진 다지증 고양이도 있다. 이러한 다지증은 고양이에게서 심심치 않게 발생한다. 어떤 선장이 작가 어니스트 헤밍웨이에게 여섯 발가락의 흰 고양이를 선물로 주었는데, 그 이후 그는 플로리다주 키웨스트섬에서 다지증 고양이들을 키웠다. 오늘날 (이제 박물관이 된) 헤밍웨이가 살던 섬에 있는 고택에는 여전히 앞발에 여섯 혹은 그 이상의 발가락이 달린 고양이가 40~50마리가 살고 있다. 투실투실한 발 때문에 엄지발가락이 여러 개달린 것처럼 보이지만, 녀석들에게 크게 문제가 될 것은 없어 보인다.

발볼록살은 거칠고 단단한 각화성 상피 조직으로 덮여 있는데 이는 사람의 머리카락과 밀접한 관련이 있다(사람의 머리카락은 가는 실 모양의 케라틴, 즉 각질 단백질로 되어 있으며 상피 조직은 근육 조직, 신경 조직, 그리고 결합 조직과 함께 동물의 네 가지 기본 조직 중 하나이다). 발볼록살의 거친 표면은 정지 마찰력을 높이는 데 도움을 주어 고양이들이 쉽사리 미끄러지지 않게 해 준다. 발볼록살 속에는 지방 및 결합 조직(지방 및 젤라틴 성분의 피하 조직)이 두툼하게 결합되어 있는데, 이 결합층은 탄력 있는 충격 흡수 장치 역할을 하여 하중을 견디고 있는 다리와 인대를 보호한다.

발톱

고양이 발톱은 기어오르고, 싸우고, 사냥할 때, 그리고 여러분이 제일 아끼는 바지를 찢어 놓기 위해 고안된 기발한 도구이다. 거의 모든 고양잇과 동물들이 발톱을 가지고 있다. 사자의 발톱은 섬뜩하게도 38mm까지 자라기도 한다. 고양이의 발톱은 뒤쪽으로 말려 들어가며, (그 덕분에 고양이는 나무를 수월하게 기어오를 수 있지만, 그 바람에 다시 나무를 내려오는 것이 수월하지만은 않다) 발볼록살처럼 케라틴으로 형성되어 있다. 인간의 손발톱과는 다르게 고양이 발톱은 발가락뼈(손가락뼈)에서 곧바로 자라며, 중심부의 안쪽에 혈관과 신경을 포함한 조직으로 구성된 속살을 갖고 있다. 여러분은 종종 바닥에 떨어져 있거나 여러분의 바지에 낀 반려묘의 발톱 조각을 보았을 수 있다. 그 이유는 칼집으로 알려진, 발톱의 가장 바깥층이 몇 달에 한 번씩 자연적으로 떨어져 나가기 때문이다.

고양이는 의지대로 발톱을 안으로 당겨 숨길 수도 있다. 그러니 여러분의 반려묘가 자극에 매우 예민하지만 않다면, 발바닥 볼록살 부분을 지그시 눌러서 발톱이 나타나는 모습을 지켜볼 수도 있다. 고양이는 인대와 힘줄을 사용하여 발톱을 조절한다. 발가락 굽힘근의 힘줄을 팽팽하게 긴장시켜 발톱을 내미는 것이다. 그러다 고양이가 긴장이 풀어져 있을 때는 발톱의 예리함을 보존하기 위해 피부와 털 안쪽으로 발톱 전체가 칼집에 싸여 유지된다. 발톱이 예리하지 않다면 더 많이 구부러질 수도 있지만, 최대 접지력에 맞게 구부러져 있다. 그렇기 때문에 털이 많고 빽빽한 소재에 발톱이 걸릴 가능성이 커지는 것이다. 만약 고양이 발톱이 지나치게 자랐다

면, 조심해서 발톱을 잘라내도 된다. 다만 수의사에게 조언을
구하는 게 좋다. 그리고 신경을 자를 수도 있으니 조심할 것.
만약 내가 우리 집 고양이의 발톱을 자르려고 했다면, 녀석은
내 코를 물었을 것이다.

고양이의 꼬리는
어떤 역할을 할까?

고양이의 꼬리는 (품종에 따라 다르지만) 약 20개의 꼬리뼈로 구성되어 있으며, 고양이는 놀라운 수준으로 꼬리를 가눌 수 있다. 척추뼈는 복잡하게 뒤얽힌 한 벌의 근육과 힘줄로 연결되어 있기 때문에 고양이는 꼬리의 모든 부위, 끝부분까지 독립적으로 움직일 수 있다. 꼬리는 고양이의 의사소통에 놀라울 정도로 유용하게 쓰인다. 또한 꼬리는 고양이가 재빠른 동작을 취할 때 균형을 잡아 주는 평형추 역할을 하기 때문에 달리고, 쫓고, 높이 뛰고, 착지하는 데에도 유용하다. 물론 울타리 위처럼 좁다란 표면을 유유히 걸어갈 때도 마찬가지이다. 또 고양이가 공중에서 꼬리를 빙빙 돌리는 것은 높은 곳에서 떨어질 때 몸통을 똑바로 돌리는 데 도움이 된다. 혹여라도 고양이 꼬리는 절대 강제로 잡아당기면 안 된다. 꼬리에는 신경이 가득하고 대소변을 가리는 데 있어서도 중요하기 때문이다.

이렇게 꼬리는 아주 유용하지만 꼭 필요한 것은 아니다. 부상으로 꼬리를 잃은 고양이들은 무슨 일이 있었냐는 듯이 살아남아서 훌륭하게 삶에 적응한다. 희한하게도 맹크스고양이는 꼬리는 없지만 민첩성은 간직하고 있다(꼬리가 없는 유전자 2개를 물려받으면 거의 태아 단계에서 자연 발생적으로 유산되기도 하므로 맹크스고양이를 번식시키는 것은 정말 어려운 일이다).

세상에서 제일 긴 집고양이 꼬리

기네스북에 따르면, 은빛 메인쿤 고양이이 시그너스 레귤러스 파워는 길이가 무려 44.66cm에 달하는 꼬리를 지니고 있었다.

고양이 눈은 왜 사악해 보일까?

고양이의 동공은 방금 전까지 크고 동그스름하다가도, 해가 활짝 나타나면 날카로운 악어 눈으로 돌변한다. 이런 상황에 딱 맞는 유일한 단어가 있다면, 그건 바로 흡혈귀가 아닐까?

인간의 동공은 원형으로, 크기가 늘어나고 줄어들면서 우리 눈을 통과하는 빛의 양을 조절한다. 한편 고양이의 동공은 독특하게도 세로로 길쭉한 형태여서 마치 미닫이문처럼 작동한다. 어둠 속에서 고양이의 동공은 양옆으로 활짝 열려서 최대한 많은 빛을 통과시키느라 아주 동그랗게 보인다. 하지만 밝은 빛에서는 좁다란 틈새만 남기고 닫혀서 고양이가 눈이 멀지 않도록 한다. 뱀, 도마뱀붙이, 그리고 앨리게이터도 고양이의 이러한 해부학적 특이점을 동일하게 갖고 있으며, 그 덕분에 이들의 눈은 인간의 눈보다 훨씬 더 넓은 범위의 빛 세기에 대처할 수 있다. 줄어든 때와 늘어난 때 사이의 동공 크기 변화를 보면, 인간의 동공이 15배로 변하는 것에 비해 이 동물들의 동공은 135~300배까지 변화한다. 이렇게 큰 변화 폭은 고양이 눈이 야간에는 사냥, 주간에는 자기 보호라는 이중 과제를 더 잘 수행할 수 있다는 사실을 뜻한다.

〈사이언스 어드밴시스(Science Advances)〉에 실린 2015년도 한 연구 논문은 각기 다른 214개 생물 종을 분석하여 눈의 구조가 세 가지 요소, 즉 먹이 찾는 방식, 활동 시간대, 그리고 몸 크기와 관련 있음을 밝혀냈다. 말, 사슴, 그리고 염소를 포함한 초식동물은 눈 체계가 고양이 눈과 비슷하다. 다만, 안구 전체를 눈 안에서 회전시켜 동공의 윤곽선을 땅과 평행하게 유지한 상태에서 포식자의 동태를 살필 수가 있다. 이러한 수평적 동공 체계가 초식동물들이 위에 떠 있는 태양을 시야에서 배제시켜 땅에 집중할 수 있도록 도와주기 때문이다. 하지만 고양이는 대개 먹잇감보다는 포식자이며, 고양이의 사냥 방식에는 수시로 기어오르기가 포함되어 있다. 그러니까 고양이에게는 수평적보다는 수직적 대상의 윤곽 범위가 더 중요하다는 뜻이다.

고양이는 떨어져도
어떻게 늘 똑바로 설까?

1894년, 프랑스 생리학자 에티엔 쥘 마레는 특별히 고안한 카메라 크로노포토그래픽 건(chronophotographic gun)으로 세계 최초의 고양이 영상을 찍었다. 그는 고양이가 어떻게 늘 두 발로 착지할 수 있는지 알아내고 싶었다. 그리고 이 궁금증에 대한 답이 영상에 포착되었다. 놀랍고도 아름다운, 고양이가 바로 서는 과정이 찍힌 것이다. 마레의 영상은 유튜브에서 시청할 수 있다. 영상에는 고양이를 눕힌 상태로 일정한 높이에서 떨어뜨리는 모습이 담겨 있다(어디까지나 1890년대의 일이었다). 그 후 무슨 일이 벌어질지 얼추 짐작할 수 있을 것이다.

고양이의 균형 감각은 시각, 자기 수용 감각(근육, 힘줄 및 관절 속의 감지기에서 얻은 몸의 위치와 움직임을 전달하는 감각), 그리고 전정계(내이 속에서 균형 및 위치를 파악하는 기관)의 뛰어난 조합의 결과물이다. 낙하한 지 10분의 1초 이내로 고양이의 전정계가 어느 쪽이 위쪽인지 파악하면, 고양이는 즉시 지면으로 머리를 돌리고 시력을 이용해 자신이 어디로 향해 가고 있으며 땅이 얼마나 떨어져 있는지 판단한다. 이제부터는 전부 생체 역학적 내용이다. 고양이는 뒷다리를 뻗는 동안 앞다리를 몸에 붙인다. 이렇게 하면 상반신을 지면과 마주 보도록 돌리는 것이 더 쉬워진다(피겨 스케이팅 선수가 팔다리를 몸에 붙이거나 밖으로 펼치며 회전하는 것과 똑같은 방식으로 고양이는 관성을 이용해 회전을 조절한다).

그 다음, 앞다리가 올바른 방향을 향한 상태에서 고양이는 이제 뒷다리를 바로잡기 위해 자세를 바꾼다. 앞다리를 뻗고 뒷다리를 몸에 붙이는 것이다. 그러면 뒷다리 역시 지면을 마주하도록 비틀어진다. 반대 방향으로 회전하는 꼬리의 도움을 받은 덕분이다. 이 묘기에 가까운 움직임은 대단히 유연한 30개의 척추뼈 덕분에 가능한데, 이 척추뼈를 슬로우 모션으로 관찰해야 그 진가를 알 수 있다. 더 높은 곳에서 떨어질 때면 고양이는 네 다리를 모두 뻗어서 공기 저항을 증가시킨다. 낙하산식 하강으로 고양이의 최종 속도는 약 시속

85km까지 떨어진다.

고양이는 착지를 준비하면서 네 다리를 지면을 향해 뻗고 등을 아치형으로 구부린다. 지면에 닿는 순간, 발을 내리고 등을 펴서 충격을 어느 정도 흡수하고 다리를 보호한다. 예술적이지 않은가?

고양이가 이렇게 늘 머리를 올바른 상태로 유지하려고 하는 정위반사 행동을 수행하려면 일정 시간이 필요하다. 그래서 흔히 하는 예상과는 다르게 낮은 곳에서 떨어질수록 더 많이 다칠 가능성이 있다. 1987년의 한 연구 논문에 따르면, 높

고양이 생존자

고양이는 고도의 회복력을 발휘하기도 한다. 1999년, 강력한 지진이 대만을 휩쓸고 간 지 80일째, 한 고양이가 붕괴된 건물 속에 갇힌 채 발견되었다. 기네스북에 따르면, 그 고양이는 체중이 반 정도로 줄어든 상태였지만 곧바로 동물병원으로 옮겨져 완전히 회복했다고 한다.

은 건물에서 떨어진 고양이의 90%가 살아남았으며 37%가 응급 치료를 해야 했다. 그중에서 7층부터 (무려!) 최대 32층의 건물에서 떨어진 고양이는 2층부터 최대 6층 건물에서 떨어진 고양이보다 다친 부위가 더 적었다. 놀랍게도 32층에서 떨어진 어떤 고양이는 이빨 1개가 빠지고 폐에 작은 구멍만 났을 뿐 상태가 양호하여 48시간 이내로 퇴원할 수 있었다.

고양이의 털은 몇 개일까?

몸무게가 4kg 정도인 보통의 고양이라면 1mm²당 약 200개의 털이 나 있으며, 피부 표면적은 0.252m² 가까이 된다. 따라서 고양이에게는 약 5,040만 개의 털이 나 있는 셈이다. 우리 인간의 털에 비하면 어마어마하게 많은 수이다. 인간의 경우, 머리에만 약 9만~15만 개의 머리카락이 나 있으며, 몸 전체에 걸쳐 약 500만 개의 털이 나 있다. 하지만 다른 동물들과 비교하면 고양이도 보잘것없기는 마찬가지다. 꿀벌은 그토록 작은 몸에 300만 개의 털을 가지고 있고, 비버는 100억 개의 털을 가지고 있다. 그래도 녹색부전나비류와 산누에나방류와는 견줄 수조차 없다. 이 부류들은 각각 미세한 털을 1,000억 개나 갖고 있기 때문이다.

　고양이 털의 종류는 매우 다양해서 그 속은 마치 복잡한 정글과 같다. 길이가 제일 짧은 것부터 제일 긴 것 순으로, 솜털, 까끄라기털, 보호털, 그리고 감각털이 있다. 작디작은 솜털은 부드럽고 짧은 단열층을 형성하는데, 미세한 물결 모양 덕분에 단열 효과가 훨씬 더 높아진다. 까끄라기털은 두꺼운 털끝 때문에 더 뻣뻣하며 중간층을 형성하여 솜털을 보호하고 추가적인 단열 기능을 수행한다. 보호털은 성긴 바깥층을 형성함으로써 안쪽 털을 보호하고 보송보송하게 유지시켜 준다. 보호털의 모낭은 공기 흐름을 감지할 뿐만 아니라 화나고 두려운 감정이 들 때 털 자체를 꼿꼿하게 서게끔 (일명 털 세우기) 만들 수도 있다. 고도로 민감한 감각털은 대부분 주둥이, 눈, 턱, 두 앞다리 위에 나 있는데, 어둠 속에서 바람의 움직임을 판단하고 가까운 장애물을 감지할 때 사용된다. 품종에 따라 다르겠지만, 솜털 100개마다 약 30개의 까끄라기털과 2개의 보호털이 나 있다. 주둥이 양옆으로는 대개 12개의 감각털이 나 있는데, 그 밖에 다른 곳에 나는 감각털의 개수는 각기 다르다. 메인쿤고양이는 까끄라기털이 없고 스핑크스고양이는 얇은 솜털층은 있지만 감각털이 없다.

　고양이의 털은 부상과 비바람으로부터 보호해 주지만 원

래 털의 주된 기능은 체온을 적정 범위로, 즉 인간의 체온보다 2도 높은 38.3~39.2도로 유지하는 것이다. 이를 체온 조절이라 하는데, 털은 완벽한 단열층을 형성하여 포근함을 유지시켜 준다. 다만 이 단열층은 고양이가 더위를 식히기 더 어렵게 만들기도 한다.

고양이는 (하나의 모낭에서 여러 가닥의 털이 자란다는 뜻의) 복합 모낭을 갖고 있으며, 모낭에서는 기름기 있는 피지를 분비되어 고양이의 털을 윤이 나고 건강하게 유지시켜 준다. 모낭은 냄새를 진하게 풍기는 액체도 분비한다. 이는 열을 식히기 위해서가 아니라 다른 고양이들과 의사소통하기 위해서이다. 털은 단단한 케라틴 세포의 잔해로 만들어지는데, 이 물질은 불용성이다. 그 덕분에 털은 놀라울 만큼 강한 내구성을 갖췄지만, 소화되진 못한다. 그래서 헤어볼 문제가 생기는 것이다.

고양이는 왜 짖지 않을까?

유튜브에서 '짖는 고양이'를 검색해 보면, 꽤 유명한 검은 고양이의 영상을 보게 될 것이다. 영상 속 고양이는 열린 창문틀 위에 쪼그리고 앉아서 창밖에 있는 무엇인가를 향해 짖고 있다. 그때 누군가가 집중을 깨뜨리자, 고양이가 내던 멍멍 소리가 구슬픈 야옹 소리로 돌변한다. 이 독특하게 짖는 소리가 가짜든 아니든, 사실 개가 짖는 것 같은 울음소리를 내는 고양이는 꽤 흔한 편이다. 이 사례들 중에 진짜 개 울음소리와 똑같은 경우는 없다(고양이의 "멍멍" 소리는 대개 고통스러운 기침 소리에 더 가깝게 들린다). 하지만 분명한 것은 고양이가 그 소리를 아주 그럴싸하게 따라 할 수 있다는 사실이다.

고양이와 개는 야옹 또는 멍멍 소리를 내는 동일한 기본 조직을 갖고 있다. 다시 말해, 고양이와 개의 후두, 기관, 횡격

막이 비슷하다는 것이다. 개 짖는 소리는 대부분의 고양이 울음소리에 필요한 강도보다 더 세차게 성대를 통해 공기를 빼내면서 만들어진다. 그래도 몇몇 고양이는 그 소리를 만들어낸다. 아마도 이웃집의 개를 따라 하는 것일 수도 있고, 어디가 아프거나 혼란스럽기 때문일 수도 있으며, 단순히 동네 개들을 자극하기 위해서일 수도 있다.

그나저나 고양이가 짖을 수 있다면 왜 평소에는 짖지 않는 것일까? 그야 짖고 싶지 않기 때문이다. 고양이는 짝짓기할 때를 제외하고는 다른 고양이들과 마주치거나 의사소통하는 것을 극구 피하는, 단독 생활을 하는 포식자이다. 그러니제 존재가 누설될 것이 뻔한 상황에서 소음을 내는 것을 좋아할 리 없다(상대와 대치 상태 중에 고양이가 내는 비명 소리는 몸싸움을 피하기 위한 언어적 수단에 가깝다). 반면, 개는 무리 생활을 하는 동물의 자손이다. 이런 동물에게는 충분한 의사소통이 더이롭다. 그중에서 짖는 것은 시끄러운 의사소통 방식이다. 문제는 인간은 그들이 짖는 소리의 의미 또는 중요성에 대해 전혀 알지 못하며, 개들 역시 모를 가능성이 매우 크다는 점이다.

고양이는
왜 그렇게 많이 잘까?

고양이는 태생적으로 게으른 녀석들이다. 하루에 16시간까지 자기도 한다. 열 살이 될 때까지 고양이가 깨어 있었던 시간은 고작 3년 정도일 것이다. 이상하게 들리겠지만, 천적이나 먹잇감에 반응해야 할 경우를 대비해서 고양이의 뇌는 자는 시간의 약 70% 동안 계속 냄새와 소리를 인식한다. 물론 깨어 있다 해도 집고양이는 정말이지 무진장 게으르다. 평균적으로 고양이는 깨어 있는 시간의 3% 동안은 서 있고, 또 3%는 걷는 데 쓰며, 0.2% 동안만 활발히 활동한다.

고양이는 해야 할 일이 그다지 많지 않기 때문에 잠을 아주 많이 잔다. 보호자가 꼭 필요한 것들을 모두 제공해 주는데, 쓰다듬기를 받고 싶다거나 대변이 급한 게 아니라면 깨어 있는 것이 무슨 소용이 있을까? 물론 고양이에게도 충족시켜야 할 사냥 본능이 있다. 한때 고양이가 새벽녘과 해 질 녘에 사냥을 한다는 통념이 있긴 했지만, 최근 연구 결과는 고양이 개체들의 일과 시간과 통념 사이에는 상당한 차이가 있음을 보여 준다. 많은 고양이들이 일출과 일몰 시간 때에 활동하긴 하지만 야행성 사냥을 하는 고양이들도 상당히 많을 뿐만 아니라, 아예 사냥을 하지 않는 다수의 고양이들도 있다. 그렇더라도 모든 고양이는 기본적으로 인간의 터전으로 이끌려 온 아프리카 들고양이이기 때문에 이 동물들은 조상 대대로 밤 사냥에 끌리도록 타고났다. 그래서 고양이는 대개 밤에 더 활동적이며, 낮에 더 많이 자 두면서 에너지를 비축한다.

고양이는 십 대 아이들처럼 절대적으로 필요할 때만 에너지를 쏟는 경향이 있다. 만약 여러분이 반려묘에게 아주 좋은 사료를 잔뜩 먹이는 중이라면, 고양이는 먹이 주는 시간에 맞춰 제 수면 패턴을 바꿀 것이다. 하지만 반드시 깨어 있으리라는 보장도 없다. 그래도 사냥에 대한 본능적인 욕구는 여전히 녀석들을 충동질할 것이다. 그때마다 여러분의 반려묘는 먹이가 더 필요하든 그렇지 않든, (천차만별의 성공률을 보이며) 사냥감 뒤를 쫓을 것이다.

고양이의 나이

인간에 비해서 고양이는 보통 일생 중 첫 2년 동안 놀랍도록 빠르게 성장하며, 그 후 성장하는 속도가 점차 느려진다.

고양이 나이	고양이의 인체 상응 나이
3개월	4세
6개월	10세
12개월	15세
2년	24세
6년	40세
11년	60세
16년	80세
21년	100세

하지만 여러분이라면 인간과 고양이라는 판이하게 다른 두 종의 노화를 어떻게 비교하겠는가? 연구팀은 행동 변화뿐만 아니라 젖떼기, 독립, 그리고 성적 성숙과 같이 고양이와 인간의 공통적인 발달 표지에 주목한다.

대부분의 새끼 고양이는 다른 고양이와 함께 노는 단계에서 생후 12주 정도면 장난감과 물체를 갖고 노는 단계로 바뀌는데, 이 시기에 두 고양이가 공격하는 사이로 결정될 수도 있다. 고양이는 보통 생후 약 6개월에 성적 성숙에 도달하는데, 이르면 생후 4개월 정도에 성적 성숙이 이루어지기도 한다. 성별에 따라 어린 고양이는 생후 1~2년에 가족 단위에서 벗어난다. 이 시기에 고양이는 흔히 소변으로 영역을 표시하거나 여러 다른 행동을 보이기 시작한다. 나이가 듦에 따라 어른 고양이, 즉 성묘는 노는 시간이 줄어들고 (완전 나처럼) 체중이 증가하는 경향을 보인다. 한편 노령묘는 행동, 건강 그리고 발성 면에서 변화를 겪으며, 인간의 경우와 놀라울 정도로 비슷한 질병에 걸리기 쉽다.

야생에서 고양이의 기대 수명은 2년에서 16년까지이다. 실내에서 생활하는 집고양이는 평균 13~17년을 사는 반면,

길고양이는 서로 간의 다툼과 교통사고 위험에 시달리는 까닭에 수명이 2~3년 줄어든다고 한다.

고양이의 심박동

고양이는 빠르게 산다. 고양이의 심장은 분당 140~220회, 즉 140~220bpm으로 박동하는데, 인간의 심박 수인 60~100bpm에 비하면 빠르다는 뜻이다. 반전이라면 피그미뒤쥐의 심박 수가 1,511bpm이라는 사실이다.

3장

약간 메스꺼울 수 있는, 고양이 해부학

고양이 똥은 왜 그렇게 냄새가 심할까?

소매를 걷어붙이고 고양이의 내장을 간단히 파헤쳐 보자. 겉으로 보면 고양이는 우리 인간과 똑같은 소화 기제를 많이 갖고 있다. 입, 위, 유문, 십이지장, 소장, 쓸개, 이자, 효소, 간, 신장, 결장, 세균, 직장이 그 예이다. 하지만 고양이의 소화계는 훨씬, 훨씬 더 짧으며 육류 대사에 최적화되어 있다. 즉, 육류를 비교적 빠르고 수월하게 분해할 수 있다는 것이다(고양이의 경우 음식물이 분변이 되기까지 내장을 통과하는 시간은 인간이 50분인 것에 비해 20여 분으로 짧다). 흥미롭게도 고양이에게는 맹장이 없다. 맹장은 오랫동안 인체에서 무의미한 진화적 유물로 인식된 기관이지만, 장 속 유익한 균을 보호한다는 사실이 최근에 증명되었다.

어째서 육류가 풍부한 식단은 고약한 냄새를 일으키는 것일까? 장 속 단백질 분해 과정에서 황 원소가 포함된, 고약한 냄새를 풍기는 화학물질이 많이 생성된다. 이런 화학물질에는 황화수소와 악취를 내는 황을 함유한 메테인싸이올, 즉 달걀 썩는 듯한 방귀 냄새의 주범들이 포함된다. 그래서 단백질 보충제를 다량 섭취하는 보디빌더들은 썩은 달걀 같은 아주 지독한 방귀 냄새로 악명이 높다.

그런데 고양이 대변에는 냄새를 더 지독하게 만드는 비밀스러운 성분이 들어 있다. 고양이 배설물 냄새를 연구해 온 한 일본 연구진은 이 냄새가 화이트와인 속 황 화합물과 비슷한 유기 황 화합물에서 기인한 것이라는 결론을 내렸다. 고양이 특유의 이 화학물질은 3-메르캅토-3-메틸-1-뷰탄올 (3-Mercapto-3-methyl-1-butanol), 즉 MMB로서 펠리닌이라 불리는 특이한 아미노산이 분해되며 생긴다. 펠리닌은 (개 말고) 고양이에 의해 만들어진다. MMB는 유난히 악취가 심한 싸이올, 즉 구린내로 유명한 유황 함유 화합물로, 대개 암고양이보다 수고양이의 변에 더 많이 들어 있다.

고양이는 자신의 대변 냄새가 얼마나 지독한지 잘 알고 있는 것 같다. 그러니 종종 대변을 땅에 묻으려고 하는 것이다. 이런 행동은 그저 타고난 깔끔함이나 창피함에서 나오는 것이 아니다. 서열이 낮은 고양이는 그 지역에서 서열이 높은 고양이들의 표적이 될 게 뻔한 상황을 피하고자 냄새를 묻는 것일 수 있다. 당신의 반려묘 역시 집안의 포식자인 여러분의 심기를 건드리지 않기 위해 제 대변을 마당에 묻는 것일 수도 있고, 아니면 새끼 고양이였을 때 어미 고양이가 연약한 새끼들에게 관심이 쏠리는 상황을 피하기 위해 했던 행동을 유심히 보아서일 수도 있다. 또한 고양이는 이따금 분리불안 증상으로 주인의 옷에 배변한다고도 알려져 있다.

그렇다면 고양이의 오줌은 어떨까? 왜 그렇게 냄새가 고약한 것일까? 고양이의 반사회적인 본성은 짝짓기를 위해 어울려야 하는 진화적 요구와 맞지 않다. 그래서 고양이들에게 소변 냄새는 무척 중요하다. 서로 만날 필요 없이 사귈 수 있는 수단이기 때문이다. 배뇨를 통한 영역 표시는 신체 조건, 힘, 건강, 짝짓기 준비 상태, 그리고 두 고양이 사이의 혈통적 연관성까지 (근친교배는 유전적 문제를 유발하기 때문에 혈통적으로 가까운 상대는 진화적으로 매력이 없다) 산더미 같은 정보를 전달한다.

새끼 고양이의 소변이 세상에서 제일 향긋한 냄새라 할수는 없지만, 시큼하고 구역질나는 암모니아 악취를 가진 늙은 수고양이의 소변에 비하면 양호한 편이다. 다시 한번 강조하지만, 이러한 악취는 십중팔구 펠리닌 탓이다. 수고양이는 암고양이보다 약 5배 더 많은 펠리닌을 만들어 내는데, 수고양이가 고품질 단백질을 많이 섭취할수록 소변 속 펠리닌 성분이 더 많아진다. 최종적으로 이 성분은 최고의 유전자를 물

고양이의 배변용 모래

고양이가 사용하는 배변용 모래는 1947년에 미국에서 최초로 상용화되었다. 보통은 젖으면 엉기는 성질이 있는 벤토나이트 점토로 만들어지는데, 이 점토는 변을 효과적으로 둘러싸서 퍼내기 쉽게 해 준다. 그렇지만 대다수의 배변용 모래는 생분해성이 아니어서 쓰레기 매립지에서 처리된다. 반려동물 기르기에 대한 생태적 부담을 가중시키는 셈이다. 생분해성 배변용 모래는 목재 팰릿 및 다양한 식물성 원료로 제작된다. 참, 오랫동안 깔개로 즐겨 사용되어 온 신문은 배변을 처리하는 데는 역겨운 결과를 가져올 수 있다.

려주고 싶은 암고양이에게 수고양이를 보다 훌륭한 사냥꾼이자 매력적인 짝짓기 상대로 부각시켜 준다. 고양이 소변은 아이소발틴이라 불리는 생소한 아미노산도 함유하고 있다. 이 두 물질 모두 산화 및 미생물 분해 작용에 의해 분해되면서 이황화물과 삼황화물, 그리고 MMB와 같은 부차적인 향미 화합물을 생성한다. 그리고 이 화합물은 대단히 독특한 과일 향의 수고양이 냄새를 만들어 낸다.

고양이는 왜 방귀를 뀌지 않을까 (개는 뀌는데)?

이 주제는 내 전공 분야이다.* 인간은 매일 1.5L의 기체를 방귀보 스는히 분출할 수 있는 반면, 대부분의 고양이는 (차라리 악취가 강렬하게 진동하는 대변을 볼지언정) 절대 방귀를 뀌지 않는다. 이것은 단백질 독점 식단과 이에 걸맞은 생리학으로 모두 설명된다. 대부분 인간의 방귀는 장내 세균이 채소류를 소량의 삼켜진 공기와 결합하여 분해시키는 과정에서 나오는 부산물, 그리고 단백질에서 유래한 시큼한 미량의 휘발성 화학물질이다. 그리고 이 휘발성 화학물질은 상쾌한 가스 분출에 구수한 냄새를 제공한다.

간단히 말해서, 방귀는 두 가지 물질로 이루어져 있는 셈

---

* 《방귀학 개론: 세상 진지한 방귀 교과서》(Fartology: The Extraordinary Science Behind the Humble Fart by Stefan Gates), 스테판 게이츠 지음, 해나무, 2019.

이다. 장내 세균이 채소의 섬유질을 분해하는 과정에서 나오는 다량의 기체, 거기에다 단백질이 분해될 때 생긴 강력한 악취를 가진 미량의 휘발성 물질이 더해지는 것이다. 그리고 여기에는 의외의 사실이 숨겨져 있다. 고양이는 절대적인 육식 동물이라는 사실이다. 악취를 유발하는 고기를 주식으로 먹는 대신, 가스를 유발하는 채소는 거의 먹지 않는다. 고양이는 음식물을 발효시키는 결장과 매우 꽉 조이는 원형 괄약근이라는, 그야말로 방귀를 뀌기 위한 생리 기제를 갖추고 있다. 하지만 상대적으로 짧은 고양이의 소화관은 결장에서 식물질이 가스를 발생시키며 오랫동안 복잡하게 분해되는 과정보다, 소장에서 단백질이 단박에 분해되는 과정에 더 적합하게 되어 있다. 고양이는 뿡뿡대는 트럼펫 방귀는 뀔 수 없다.

그렇더라도 고양이의 결장은 여전히 흥미롭다. 음식물에서 수분과 전해질 흡수, 그리고 분변의 농도 조절이라는 두 가지 주된 목적에 따라 진화해 왔기 때문이다. 물론 고양이의 결장에도 마이크로바이옴(microbiome, 내장에 존재하는 미생물들)이 존재한다. 하지만 고양이의 마이크로바이옴은 위창자의 건강 그리고 수분 흡수에 (대부분의 고양이들은 음식물로 수분

섭취를 해결한다) 꼭 필요한 군집임은 틀림없다. 하지만 인간의 경우에 비하면 특별히 크지 않으며, 고양이는 영양소 면에서도 미생물에 의존하지 않는다.

반면, 개는 잡식성 습성을 지닌 육식 동물이다. 개는 식물성 물질을 적은 양만 섭취하는데, 이 식물성 물질은 분해 과정이 꼭 필요하므로 자연스럽게 가스를 생성한다. 어쩌면 개가 인간보다 방귀를 더 자주 뀐다고 생각할지도 모르겠다. 그저 개는 우리처럼 방귀 때문에 창피해하지 않기 때문에 원할 때마다 방귀를 뀔 뿐이다.

고양이가 방귀를 뀔 수도 있지만 흔한 일은 아니다. 많은 수의사들이 한 번도 고양이의 가스 분출을 본 적이 없다고 말한다. 만약 고양이가 방귀를 뀐다면 삼킨 공기 혹은 위창자 계통의 감염, 그러니까 우글거리는 기생충으로 인한 장내 미생물 불균형 혹은 채소류나 우유가 (결장에서 락토오스가 분해될 때 기체를 생성할 수도 있다) 과도하게 많이 들어 있는 식단 때문일 수도 있다. 육식성 식단 위주로 전환했는데도 증상이 해결되지 않는다면 수의사를 찾아가는 편이 좋을 것이다.

고양이 토사물을 치우는 건
왜 언제나 내 몫일까?

고양이가 건강할 때도 게우기에 열심인 데에는 여러 가지 다양한 이유가 있다. 고양이는 허겁지겁 많이 먹어 버린 다음, 작정하고 위를 비운다. 그러다 보니 음식물은 소화액과 섞일 시간적인 여유를 갖지 못한 채 역류하게 된다. 여러분이 제일 아끼는 담요 위에 떡하니 자리 잡은, 익숙한 점도의, 올록볼록한, 끈적한 덩어리가 그 모든 것을 말해 주는 표식이다. 운 좋게도 이 표식은 쉽게 없앨 수 있다. 축축한 천을 쥐고 (헛구역질만 잠깐 한 뒤) 닦으면 끝이다.

더 역하고 걱정스러운 것은 사실 토사물이다. 토사물은 음식물과 산성을 띠는 위액이 이미 섞인 상태이다. 위액이 음식물 속 단백질을 변화시키기 시작한 것이다. 즉, 위액이 음식물을 더 묽고, 질척이고, 매캐하며, 비싼 장모 카펫에 훨씬 더 효과적으로 침투할 수 있는 상태로 만든다는 뜻이다. 고양이는 위 속 내용물을 토하기 위해 구역질을 시도할 때 고통스러운 시간을 보낸다. 삼켰던 풀, 카펫 실, 혹은 날카로운 소품과 같이 위를 자극할 만한 물질들 혹은 알레르기 때문에 통증이 생길 수 있기 때문이다. 고양이의 토사물을 치우느라 여러분의 아침 시간이 엉망이 될지라도, 고양이가 이런 내용물을 삼키는 것보다는 토해 내는 게 낫다. 내 반려묘는 3~4주에 한 번씩 토하는데, 그 이유는 한결같이 과식 때문이거나 (녀석

은 적게 자주 먹는 식사에 대한 최고의 수행 능력을 보이지만 가끔 적게 먹는 걸 잊는다) 여름철이라면 이따금 뜯어먹은 풀이 원인이다.

훨씬 더 걱정스러운 구토는 질병, 세균 감염, 바이러스 그리고 회충과 같은 기생충에 의해 유발되며, 이 경우에 평소보다 더 잦은 구토를 할 수 있다. 만약 여러분의 고양이가 일주일에 한 번 이상 구토를 하거나 아무것도 게워 내는 것 없이 구역질을 많이 한다면, 즉시 수의사에게 연락하길 바란다.

우리 집에는 제법 괜찮은 규칙이 존재한다. 누구든 고양이 토사물을 먼저 발견하는 사람이 치우기로 한 것이다. 그런데 왜 항상 나일까? 왜 다른 식구들은 아침에 따뜻하고 올록볼록한 토사물에 발가락을 밀어 넣은 적이 단 한 번도 없는 것일까? 게다가 내가 맨 나중에 귀가하더라도, 가족 중 그 누구도 그걸 발견하는 이가 없다. 어떻게 이럴 수가? 다른 식구들은 바닥을 쳐다보지 않는 걸까?

또한 어느새 나는 '입에서 뿜어진 고양이 토사물을 통으로 직접 받아 내기'의 전문가가 되어 버렸다. 우리 가족에게는 거의 인정받을 일이 없는 기술이다. 내가 이 기술에 대해 자세히 설명할 때면 식구들은 자리를 뜨려고만 하니 말이다.

헤어볼!

고양이가 헤어볼을 게워 내는 모습은 보기 힘들지만, 대부분은 거정하지 않아도 된다. 이 끈끈하고 냄새나는 덩어리는 보통 울렁대며 시작되는 불쾌한 구토와 구역질을 통해 밖으로 나온다. 이상하게 들리겠지만, 모두 고양이의 정상적인 기능이다.

엄밀하게 말해서, 헤어볼은 모발 위석이다(모발은 털을, 위석은 위장 계통에 모여든 물질 덩어리를 뜻한다). 모발 위석은 보통 털과 위액이 빽빽하게 뭉쳐진 원통 형태인데, 가끔 음식물이나 그 밖에 목구멍으로 넘어온 물질을 포함하기도 한다. 고양이 혀 특유의 형태에 지속적으로 털을 핥는 습성이 합쳐진 결과, 고양이는 심심치 않게 헤어볼을 만든다. 고양이 혀는 끝부분이 구부러진 수백 개의 미세한 속이 빈 돌기로 덮여 있으며, 돌기는 특히나 고양이가 털갈이할 때 헐거워진 털을 솎아 내는 기능을 한다. 돌기들의 밑동은 잘 휘어서 털이 엉겨 붙는 것을 막아 주긴 하지만, 목구멍 뒤로 넘어가는 털도 많아서 결국 위 속으로 들어가게 된다.

끈적한 위 점막에 갇혀서 뭉쳐진 머리카락들은 평소처럼 소화기를 따라 이동할 수가 없다. 일단 머리카락 몇 개가 위에 붙으면, 다른 머리카락들이 더 들러붙어 크기가 커진다. 이는 결국 위를 자극하여 구토 행위를 유발한다. 즉, 복근을 수축시켜 위 속 덩어리를 식도를 통해 비우고, 뿜는다, 웩! 덩어리가 압착되어 식도를 통과하는 동안 익숙한 원통 형태로 만들어지면서 우리 집 반려묘 밥의 헤어볼이 완성된다. 비단결 같은 몸 털을 누리기 위해 지불해야 할 대가인 셈이다.

헤어볼 방지 식품들까지 나와 있으니 치료제를 찾을 수도 있지만, 몇몇 수의사들은 이것들이 효과가 없거나 오히려 해롭다고 여긴다. 그보다 더 주의해야 할 것은 헤어볼을 토해 내지 않는데도 발생되는 구토, 구역질, 그리고 헛구역질이다. 어딘가 막혀서 문제가 생긴 것일 수도 있다.

고양이는 땀을 흘릴까?

별로 안 흘린다. 고양이는 땀샘이 많지 않을뿐더러, 그마저도 몸의 다른 곳보다는 발바닥에 더 많다. 턱, 입술 그리고 항문 주위에도 약간 있는데, 이 부위의 땀샘은 점막에 수분을 공급하는 데 더 도움을 준다. 즉, 점막이 건조해지거나 갈라지지 않게 막는 역할을 하는 것이다. 고양이는 확실히 땀 흘리는 체질은 아니다. 털은 땀이 증발하지 못하게 막기 때문에 미끈미끈한 습기로 엉겨 붙어 축축하고 코를 찌르는 냄새를 풍기며 유해한 세균이 들끓게 만들 것이다. 음, 좋지 않다.

고양이의 털은 몸이 한기보다는 온기를 유지하도록 하는 온도 조절기 역할을 한다. 고양이는 사냥하는 동물로서, 새벽녘과 해 질 녘에 최고의 능력을 발휘하는 조건을 갖추고 있다. 이 시간대는 고양이의 시각과 청력이 유리하게 작용하는,

기온이 가장 낮을 때이다. 고양이들이 낮에 하는 일이라곤 잠자기가 전부인 이유가 바로 이것이다.

그럼 인간처럼 기화 냉각, 즉 주위 열을 흡수해서 액체를 기체로 변화시켜 냉각시키는 방식을 쓸 수 없다면 고양이는 어떻게 체온을 조절하는 것일까? 처음은 역시 일단 자는 것이다. 적게 움직인다는 것은 세포 호흡을 적게 하여 에너지를 적게 쓴다는 뜻이다. 털 손질 역시 체온 조절에 유용한 수단이다. 고양이는 제 털을 핥으면서 소량의 수분을 털에 남기는데, 이 수분이 증발하면서 몸을 식혀 준다. 그리고 차갑고 그늘진 표면 위에 엎드리기와 같이 간단하고 실용적인 행동 방식도 많이 있다. 만약 녀석이 정말 덥다면, 몸을 식히기 위해 개가 하는 것처럼 숨을 헐떡일 수도 있는데 이런 행동은 일반적이지 않다. 그러니 여름 무더위 속에서 반려묘의 상태를 잘 살피는 게 좋다. 만약 고양이가 축축한 발자국을 남긴 것을 발견한다면, 그늘진 곳을 찾아서 녀석의 몸을 식혀 주어야 한다. 하지만 고양이의 체온 범위는 원래 섭씨 38.3~39.2도로, 우리 인간보다 2도 더 높다는 사실을 꼭 기억해 두자. 내가 덥더라도 녀석은 덥지 않을지 모른다.

벼룩 잡아라!

벼룩이라니. 이 조그마한 녀석 때문에 짜증 나서 까무러치기 일보 식전이다. 대부분의 생명체들과 마찬가지로 벼룩도 분명 날 때부터 불쾌한 존재는 아니다. 바쁜 제 삶을 영위하고자 새끼를 기르고, 균형 잡힌 식사를 하고, 그리고 따뜻한 (털로 덮인) 안식처를 얻기 위해 애쓴다. 종이 다를 뿐, 똑같은 생명체인 것이다.

고양이벼룩은 지구상에서 가장 흔한 벼룩 종이며 집고양이와 개의 몸 표면, 그리고 우리 인간이 사는 집처럼 온난하고 습한 조건에서 잘 자란다. 벼룩 성충은 적갈색에 길이가 1~2mm이지만, 두께는 얇은 편이다. 닫히는 엘리베이터 문틈에 끼인 적이 있는 것처럼 말이다. 현미경이 없다면, 고양이 몸 표면 위에 있는 그저 조그맣고 거뭇한 낱알들만 보게 될 확률이 크다. 그리고 이 낱알들은 벼룩의 성충, 애벌레, 번데기, 그리고 알로 이루어져 있다.

벼룩은 다른 동물보다 고양이와 개의 몸에 기생하는 것을 훨씬 더 선호한다. 더군다나 암컷 성충은 증식하려면 반드시 숙주의 피를 빨아먹어야 한다. 흡혈 후에는 매일 20~30개의 알을 낳는다(죽기 전까지 최대 8,000개의 알을 낳을 수 있다). 1~2주 후에 알에서 부화한 애벌레는 유기물, 주로 벼룩 성충이 분비한 배설물 부스러기를 먹고 산다. 애벌레는 마침내 고치를 짓고 일주일 남짓 동안 번데기로 지내다가 성충으로 모습을 드러낸다. 그리고 이 성충은 숙주의 피를 빨아먹기 시작하고, 이렇게 벼룩의 한살이가 또 시작된다.

하지만 이 정도는 애교 수준이고 벼룩에 대해서 알아야 할 것이 더 있다. 벼룩이 심하게 들끓으면 탈수나 빈혈 증상으로 이어질 수도 있지만, 우글거리는 수준이 아니라면 성묘에게는 별다른 문제를 일으키지 않는다. 다만 벼룩은 촌충 감염 및 고양이벼룩 매개성 리케차 감염증 같은 질병을 인간에게 옮길 가능성이 있다. 벼룩은 물지 않는다. 주둥이를 고양이 피부에 찔러 넣어 피를 빨아먹는다. 그래도 고양이 피부

위에 (미안하지만) 소화액을 역류시키긴 한다. 이 소화액은 끔찍하게 가려운 알레르기 피부염을 유발할 수 있다.

일단 벼룩이 우리의 삶에 발을 들여놓으면 박멸하는 데 너무나도 힘이 든다. 만약 주변에 털로 덮인 동물이 없다면 인간은 그다음으로 가장 좋은 숙주이다. 만약 여러분이 기생충 감염증에 걸린다면, 집안에서 기르는 동물은 모두 정기적으로 국소적 벼룩 치료를 받아야 한다. 그리고 만약 벼룩이 많다면, 닥치는 대로 진공청소기로 빨아들이고 또 한 번 빨아들인 후 곧바로 먼지 주머니를 처리해야 한다. 그리고 모조리 고온 세탁을 해야 한다. 특히나 반려동물의 잠자리는 꼭 빨아야 한다. 혹시 이 방법이 통하지 않는다면, 해충방제 업체를 부를 때이다.

4장

고양이 행동에 관한 아주 이상한 과학

고양이가 다투면
무슨 일이 벌어질까?

고양이는 천성적으로 사교적인 동물은 아니다. 그래서 옆집 고양이, 사악한 마멀레이드와 절대로 정원을 같이 쓰고 싶어 하지 않는다. 그렇다고 고양이들이 온종일 서로 할퀴며 싸우길 원한다는 뜻도 아니다. 사실 오히려 정반대다. 중성화 수술을 받지 않은 수고양이는 상대와 겨루려는 성향을 보이지만, 중성화된 수고양이는 난소가 제거된 암고양이와 비교해도 싸우려는 성향이 없는 편이다. 중성화된 수고양이는 상처를 입는 것을 경계하며 물리적 충돌을 아예 피하는 쪽으로 울음소리와 몸짓 언어를 구사할 것이다. 공격하는 고양이도 방어하는 고양이만큼 다칠 수 있는 법이니까. 여러분은 (주로 한밤중에) 요란한 울음소리를 들어 본 적이 있을 텐데, 그때 물리적인 접촉이 있었다 하더라도 고양이는 긴장한 앞발로 찰

싹 때리는 행동만 취한다. 이 정도는 고양이들 사이에 '시시한 말다툼'에 해당한다. 그리고 가끔은 짧은 추격전으로 갈등이 해소된다.

드물게 본격적인 다툼으로 악화되는 상황들은 공통적인 단계를 거친다. 첫 번째 단계로 아치형으로 구부린 등, 옆으로 살짝 돌린 몸, 털 곤두세우기 등 다양한 자세가 나온다. 그런 다음 서열이 높은 고양이는 낮은 소리로 우는 서열이 아래인 고양이에게 천천히 접근한다. 가까이 따라붙으면서 울부짖으며 전진하면 서열이 낮은 고양이는 머리를 옆으로 돌린다. 가끔 긴장감이 오랫동안 지속되는데, 그럴 때면 고양이들은 낮은 신음, 침 뱉는 듯한 소리, 그르렁 소리, 그리고 길게 내빼는 울음소리를 내며 미동도 없이 앉아 있다. 대개 이때에 서열이 낮은 고양이는 최대한 천천히 자리를 벗어난다. 하지만 대치 상태가 깨지면 (혹은 고양이들이 서열이 동등하다고 느낀다면) 어느 한쪽 고양이가 상대의 뒷목을 물려고 시도하면서 물리적 싸움을 시작할 것이다. 방어하는 고양이는 그 즉시 등을 대고 누워 상대를 물어뜯는 동시에 두 뒷다리로 공격하는 고양이의 배를 반복적으로 걷어찰 것이다.

이때가 다칠 가능성이 가장 큰 순간이다. 공격하는 고양이의 첫 번째 시도는 거의 항상 빗나가지만 상대를 공격받기 쉬운 상태, 즉 물린 것이나 다름없는 상태로 만든다. 이때 두 고양이는 서로 물어뜯고, 걷어차고, 날카로운 울음소리를 내며 뒹굴 것이다. 하지만 이 상태는 순식간에 끝나고, 어느 한

전설의 고양이들

그럼피 캣

뚱한 표정의 미국 고양이는 (진짜 이름은 타르다 소스(Tardar Sauce)) 주인의 남동생이 2012년 9월에 레딧이라는 커뮤니티 사이트에 사진을 올려 웹상에서 처음 인기를 끌었다. 사진이 아주 유명해지자 TV 방송, 책, 달력, 시리얼 광고, 반려동물 사료 브랜드가 후원하는 유튜브 게임 쇼, 비디오게임, 그리고 1,000개가 넘는 공식 상품 아이템에도 이 고양이가 등장했다. 2014년에 이 고양이는 〈그럼피 캣의 최악의 크리스마스〉라는 영화에 주연으로 출연하기까지 했다. 타르다는 2019년 5월 14일, 7세의 나이에 요로감염으로 세상을 떠났다.

쪽 고양이가 또 다른 공격을 개시하든 물러나든 할 때까지 다시 대치 상태가 이어진다. 패배한 고양이는 항복의 표시로 슬그머니 멀어지면서 귀를 납작하게 눕히고 몸을 낮게 웅크린다. 한편, 승리한 고양이는 반대쪽으로 몸을 돌려 외면하고 상징적인 의미로 코를 땅에 대고 냄새 맡는 시늉을 해 보인 후 유유히 걸어간다. 고양이 사이의 다툼은 인간만큼이나 우울하고 천박하며 명예롭지 못하다. 정말 그렇다.

우리 집 고양이는 나를 사랑할까?

마음 단단히 먹길 바란다. 이제 여러분의 심리 치료 시간이다. 일반적인 애착 실험은 '낯선 상황 실험'이라 불린다. 한 엄마가 만 1세 유아를 장난감이 가득한 방으로 데려온 후 떠난다. 이윽고 낯선 사람이 그 방에 들어온 후 떠난다. 그리고 마지막에 엄마가 다시 들어온다. 이 유아의 반응은 다음 중 하나이다. 1) 안정형 애착: 유아는 엄마가 떠나면 울지만, 엄마가 돌아오면 다시 마음이 놓인다. 2) 불안정 불안-양가형: 유아는 엄마가 떠나면 울고, 엄마가 돌아오면 진정하는 데 어려움을 겪는다. 3) 불안정 회피형: 유아의 심박수 및 혈압 관찰 결과로 보아, 유아가 매우 스트레스를 받고 있음에도 엄마가 사라지는 데는 신경 쓰지 않는 듯 보인다.

약 65%의 유아가 안정형 애착 그룹에 속하는데, 이 이론에 따르면 애착 문제는 양육 유형에 의해 정해진다. 양육 유형은 유아가 자라남에 따라 성적 취향, 사이코패스와 같은 정신병질의 정도, 그리고 관계성 장애에 커다란 영향을 끼칠 수도 있다.

심리학자들 사이에서 애착 이론의 영향력은 줄어들긴 했지만, 이 책에서 우리는 이 이론을 재조명할 것이다. 낯선 환경 연구는 최근 들어 고양이에게 적용되었는데, 그 결과가 매우 흥미진진하다. 처음으로 연구를 할 때는 고양이들이 모두 흥분해서 테스트를 중단할 수밖에 없었다. 그래서 연구팀은 새끼 고양이들을 대상으로 재설계된 연구를 또 한 번 시도했다. 그리고 보기만 해도 흐뭇한 새끼 고양이의 64.3%는 제 주인에게 안정형 애착을 보였다. 고양이는 우리 인간을 좋아한다! 하지만 이것이 그저 새끼 고양이만의 특징일까? 고양이의 그 전설적인 심드렁함은 나중에 발달하는 것일까? 이 점을 알아내기 위해 일 년 후 연구팀이 다시 한번 실험을 수행한 결과, 안정형 애착을 보이는 새끼 고양이가 65.8%로 훨씬 더 높게 나왔다. 사랑의 힘 때문일까? 아마도. 그건 그렇고, 강아지들 중에는 58%만이 안정형 애착을 보였다.

고양이의 사랑에 대한 다른 증거는 고양이가 우리에게 인사를 할 때 우리 다리에 기대어 비벼 대는 행동이다. 고양이 가족이 함께하는 몇 가지 사례를 살펴보면, 고양이들은 사회적 서열이 높은 대상에게 몸을 비비지만 낮은 대상에게는 비비지 않는다. 따라서 새끼 고양이는 어미 고양이에게 비비고, 몸집이 작은 고양이는 자기보다 큰 고양이에게 비비며, 암고양이는 수고양이에게 비비는데, 그 반대 경우는 거의 일어나지 않는다. 그러므로 고양이는 우리 인간을 같은 고양잇과 구성원이자, 나아가 그 세계의 일인자로 여기고 있을지도 모르겠다.

오리건 주립 대학교 연구팀은 실험을 거친 고양이들의 3분의 2가 그들의 주인과 '안정형 애착 관계'를 맺고 있으며 애착 행동이 우수했으나, 다수의 고양이늘은 인간을 인위의 원천으로 이용한다고 밝혔다. 이 점에 대해서는 논란의 여지가 있다. 2015년, 링컨 대학교 연구팀은 고양이가 주인에 대한 애착을 행동으로 보여 주지 않는다는 사실을 밝혀냈다. 이처럼 가끔은 연구 결과가 실망스러울 때도 있다.

모든 논란은 여러분이 사랑을 어떻게 정의하는가에 달려

있다. 고양이는 으레 먹을 것을 달라, 들여보내 달라, 나가게 해 달라, 쓰다듬어 달라고 으름장을 놓는다. 만약 여러분이 종속, 통제, 그리고 조종이 사랑을 드러내는 한 방식이라 여긴다면, 반려묘는 아마 여러분을 사랑하는 것이 맞을 것이다. 나는 이런 여자 친구를 사귄 적이 있었는데, 조종당하는 느낌과 함께 서서히 엄습해 오는 좋지 못한 결말에 대한 예감이 우리의 감정이 사랑이 아니라는 분명한 신호였음을 이내 깨달았다. 오리건 주립 대학교 연구팀은 또 다른 연구에서 대다수의 고양이는 먹이가 아주 가까이 놓여 있어도 먹이보다는 인간과의 상호 작용을 더 선호한다는 것을 밝혀냈다. 이래도 찐 사랑이 아니라고?

고양이는 우리를 핥아 주고, 꼬리를 꼿꼿이 세워 우리의 관심을 끌며 우리 무릎에 앉아 가르랑거리며 함께 있는 것에 만족감을 드러낸다. 이것이 고양이가 스스로 편하려고 하는 행동이라 해도 틀린 말은 아니다. 고양이들은 먹이와 온기의 규칙적인 공급을 보장받기 위해 이런 수법을 쓰는 것이다. 하지만 《캣 센스(Cat Sense)》의 저자 존 브래드쇼는 책에서 사람에 대한 고양이의 애착이 오로지 실용적일 수만은 없다고 말한다. 케이지에 갇혀 있을 때보다 인간이 안아 줄 때 고양이의 체내 스트레스 호르몬 수치가 더 낮았다는 한 연구 결과를 제시하며 고양이는 틀림없이 정서적 기반을 지닌다고 설명한다. 덧붙여 "고양이는 주인을 어미 고양이의 대체물로 여긴다고 가정하는 것이 타당하다"라고 보았다.

우리 인간은 반려묘가 시키는 대로 하려는 편이다(그러니까 아마도 고양이는 우리를 사랑한다기보다 우리에게 '애정 어린 지배력'을 발휘하는 것일 수도 있다. 형편없는 여자 친구 혹은 남자 친구가 쓰는 수법과 많이 닮았다). 하지만 고양이가 노골적으로 우리를 필요로 한다면 더 좋지 않을까? 흠, 그런데 앞서 언급한 링컨 대학교의 연구 결과는 고양이는 "전형적으로 자율적이며, 안정감과 안전함을 제공해 준다고 해서 반드시 의존적인 것도 아니다"라고 나오기도 했다. 이 연구를 이끈 다니엘 밀스 교수는 이렇게 말했다. "저는 고양이가 정말로 주인과 정서적인 유대 관계를 맺고 있다고 생각합니다만, 현시점에서 우리는 이 유대 관계가 정상 심리 측면에서 심리적 애착의 한 형태라는 그 어떤 설득력 있는 증거를 찾지 못했다고 생각합니다."

이 결과가 어찌나 강렬했던지 연구자들은 이 논문에 〈집

고양이는 안정형 애착의 신호를 주인에게 보여 주지 않는다(Domestic Cats Do Not Show Signs of Secure Attachment to Their Owners)〉라는 제목을 붙였다. 그렇다, 단어마다 대문자로 강조한 것도 그렇고 제목 자체가 가슴에 비수를 꽂는다, 아야!

만약 반려묘가 여러분을 더 많이 사랑하거나 좋아하길 바란다면 2019년도의 한 연구가 마음에 쏙 들 것이다. 고양이와 더 많은 시간을 함께 보내는 것이 고양이가 반려인에게 더 큰 애착을 갖게 만든다는 것을 증명했기 때문이다. 이 결과가 너무 당연하다고 생각할 수도 있지만, 이 역시 어디까지나 고양이에 의해서 관심이 시작되고 끝나는 조건에서만 유효한 사실일 뿐이다. 다시 한번 말하지만, 고양이는 여러분이 만났던 최악의 여자 친구 혹은 남자 친구와 비슷한 점이 아주 많다. 고양이의 또 다른 수법은 '천천히 눈 깜박이기'이다. 천천히 눈을 깜박이면 고양이가 우리에게 더 큰 관심을 둔다는 사실이 한 연구를 통해 증명되었다. 반려묘가 진정이 필요할 때 나는 늘 이 방법을 사용한다. 그리고 실제로 효과가 있긴 있는 것 같다.

고양이는 캣닢을 왜 좋아할까?

사자, 호랑이, 표범, 그리고 집고양이는 모두 캣닢의 이파리에 강하게 이끌린다. 캣닢(Nepeta cataria, 개박하)은 분홍색 혹은 하얀색의 작은 꽃이 피는, 박하류에 속하는 허브의 한 종류이다. 고양이는 이 냄새를 맡으면 이파리를 야금야금 먹고 핥은 다음, 발정기의 암고양이와 비슷한 행동을 보인다. 잎에 몸을 비벼 대고 뒹굴며, 가르랑대고, 침을 흘리고, 심지어 나 홀로 추격전을 벌인다. 기본적으로 취한 상태이다. 이런 반응이 약 10분간 지속되다가 후각 피로 현상이 나타나면서 고양이는 향후 30분 남짓 정도는 캣닢 향에 영향을 받지 않는다.

이런 흥미진진한 구경거리는 약 3분의 2 정도의 고양이들에게서 나타난다. 이는 캣닢의 잎 속에 들어 있는 휘발성 기름 성분인 네페탈락톤에 대한 반응이다. 고양이는 비강 안

쪽의 후각상피를 통해 이 성분을 감지한다. 후각수용기는 캣닢에 대한 반응을 고양이 뇌의 두 영역, 편도체와 시상하부로 투사한다. 편도체는 정서 반응을 담당하며, 시상하부는 여러 중요한 기능 중에서도 호르몬을 분비하고 감정을 조절하는 역할을 한다. 시상하부는 뇌하수체를 자극하여 성적 반응을 불러일으키기 때문에 캣닢이 일종의 고양이 페로몬(행동 교정 인자)으로 작용하는 셈이다. 만약 고양이가 상당량의 캣닢을 먹는다면 흥분하는 행동, 불안, 혹은 나른함이 표출될 수 있다. 다만 이런 경우는 아주 드물며, 캣닢은 일반적으로는 무해하다고 본다.

인간은 캣닢에 대해서 고양이들과 똑같은 반응을 보이진 않는다. 대신에 주로 허브티의 재료로 사용되어 왔으며, 대체의학 종사자들은 캣닢이 편두통, 불면증, 식욕부진, 관절염 그리고 소화불량을 치료할 수도 있다고 주장한다. 희한하게도 모든 동물들이 네페탈락톤을 좋아하는 것은 아니다. 많은 곤충류가 이 물질을 정말 싫어해서, 네페탈락톤은 모기, 바퀴벌레, 그리고 파리 퇴치 효과가 뛰어난 방충제로 이용된다.

고양이는
추상적 사고가 가능할까?

이 질문에 대해 깊게 들어가 보자. 고양이 인지에 관한 연구는 아주 미미한 실정이며, 여기에는 몇 가지 단순한 이유가 있다. 첫 번째, 고양이는 우리의 의도는 도통 신경 쓰지 않는다. 두 번째, 고양이는 연구 대상으로서 이용 가치가 전혀 없다. 하지만, 에라 모르겠다. 한번 시도해 보자.

추상적인 사고는 전적으로 사실에 기반한 측면보다는 일반화된 개념적 측면에서 (사랑, 정의, 그리고 윤리는 추상적 개념이다) 생각하는 능력이다. 사실 고양이 외에도 동물들이 추상적으로 생각할 수 있는지에 대한 수많은 논쟁이 있다. 몇몇 동물들은 놀라운 문제 해결력을 보이는데, 이는 추상적 사고로 보인다. 그 동물들이 어떤 행동을 하기 전에 그것에 대해 충분히 생각하는 능력을 보여 주기 때문이다. 예를 들어 침팬지는 창으로 사용하기 위해서 도구를 날카롭게 갈고, 먹이를 얻기 위해서 추상적인 논증을 사용한다. 피그미침팬지라고도 하는 보노보는 흰개미를 낚기 위해서 막대기를 이용한다. 어떤 놀래기류 물고기는 바위를 이용해 조개껍데기를 깨부순다. 또한 앵무새와 레서스원숭이는 초보적인 숫자 세기 능력을 보인 적도 있다.

그렇다면 고양이는 어떨까? 일본의 한 연구팀은 실험에서 30마리의 고양이에게 일련의 상자를 보여 주었다. 이 중 몇 개는 뒤집으면 달가닥거리는 소리가 나고, 몇 개는 뒤집어도 아무 소리가 나지 않았다. 상자를 뒤집어 보니 달가닥거리는 소리가 나는 상자들 안에는 물체가 들어 있었고 소리가 나지 않은 상자들 안에는 아무것도 들어 있지 않았다. 그런데 몇몇 상자들은 합리적인 추측에 맞아떨어지지 않았다. 달가닥거리는 소리가 났던 일부 상자들에 물체가 없었으며, 아무 소리도 나지 않았던 다른 상자들에서 물체가 쏟아져 나왔던 것이다. 고양이의 관심을 가장 많이 끈 상자는 바로 합리적인 추측에 들어맞지 않은 상자들이었는데, 소리가 났음에도 물체가 떨어지지 않은 것에 의구심을 품은 것이다. 이 실험 결과는 고양이가 소리와 물체 사이의 관련성을 이해했으며, 기본적인 인과관계에 대해 논리적으로 이해하고 있었음을 시사한다.

그렇다면 고양이는 '중력'이라는 추상적 개념을 이해할까? 이런, 너무 무모한 질문 같다. 동물은 개별적인 것들("달가닥거리는 상자 안에는 아마 물체가 들어 있을 것이다"와 같은 경험의 구성 요소들)을 이해할 수 있고, 이를 놀라울 정도로 영리하게 식별해 낼 수 있다. 다만, 그렇다고 동물들이 보편성(여러 개별적인 것들이 공통적으로 지니는 특성)을 이해한다는 뜻은 아니다. 보편성은 주로 추상적인 개념들이기 때문이다. 이런 이유로 침팬지가 도구를 날카롭게 만들고, 보노보가 막대기로 먹이를 낚고, 고양이들이 물리적 세계에 대해 (달가닥거리는 상자를 뒤집었을 때 떨어질 무엇인가가 들어 있다는) 기대감을 가질 수도 있지만, 그렇다고 고양이들이 뉴턴의 법칙을 이해한다는 소리는 아니다.

고양이가 먹잇감을 사냥하고 미행하는 행동에 추상적인 계획과 예측이 포함되어 있다고 말할 수도 있겠지만, 이런 행동은 그저 본능적이며 반응적인 것일 수 있다. 추상적인 생각보다는 미행, 추격, 그리고 사냥에 대해 유전적으로 내재된 욕구에 가깝다고 볼 수 있다("배가 고프니까 약간의 열량을 섭취하는 게 좋겠다. 내 소화관에 적합한 형태로 열량을 함유하면서도 내 체력으로 추격 가능한 먹잇감은 뭘까? 쥐. 어떻게 해야 하지? 자, 1마리가 지나갈 때까지 쥐 소굴 근처에서 꼼짝 말고 앉아 있어야겠다").

또한 고양이는 꿈을 꾼다고도 한다. 꿈이 추상적 생각과 관련이 있다고 생각하니 솔깃하긴 하지만, 아무리 그래도 꿈은 기억의 재생일 뿐이다. 좀 더 긍정적인 측면에서 헝가리의 아담 미크로시 박사는 고양이도 거의 개만큼이나 어딘가를 가리키는 사람의 손가락을 따를 수 있음을 밝혀 냈다. 이 결과는 고양이가 다른 동물이 생각하는 바를 이해할 수 있다는 주장을 뒷받침한다(하지만 짜증나게도 이제껏 내 반려묘 중에는 내 손가락이 가리키는 대로 따르는 아이가 없었다). 다시 한번 말하지만, 이것은 추상적이 아니라 특수한 영역이다.

그도 그럴 것이, 심리학자 브리타 오스트하우스가 실시한 테스트 결과에 따르면 고양이가 사실은 문제 해결에 다소 취약하다는 사실을 알 수 있다. 실험자는 각기 다른 설정으로 실에 먹이 조각을 매달아 놓았고, 고양이가 한 줄로 매달은 실을 잡아당겨 먹이를 손에 넣을 수 있음을 확인했다. 하지만 한쪽에만 먹이가 달려 있는, 교차되거나 평행한 두 실이 있을 때는 맞는 실을 선택하지 못했다. 조금 창피하게도 고양이는 개보다 더 엉망으로 테스트를 수행했다.

그러니까 고양이에게 추상적 생각이 가능하냐는 물음에 대한 답은 매우 단호하게 "아니다"이다. 그 이유가 뭘까? 글쎄, 추상적인 생각이 가능한 지적 능력은 장점이자 단점이기도 하다. 우리 인간이 추상적인 그 모든 예술, 윤리, 종교, 문학, 그리고 철학을 음미할 수 있다는 것은 멋진 일이지만, 그 이면에 악에 대한 자각, 억압, 죄책감, 실존적 불안, 그리고 죽음에 대한 사색과 같은 모든 쓸데없는 생각들도 함께 떠안고 있기 때문이다.

고양이는 꿈을 꿀까?

과학자들은 고양이가 꿈을 꾼다는 것을 확실하게 증명할 수는 없었다. 질문을 받았을 때 유독 이 주제에 대해서만큼은 말을 아끼기 때문이다. 하지만 심증으로는 거의 확실한 것 같다. 고양이는 우리와 비슷한 뇌 구조를 갖추고 있다. 그러니까 저전압, 속파(뇌파에서 13Hz 이상의 파를 말한다) 활동이 우세한 두뇌 활동을 보인다는 것이다. 그리고 고양이는 잠들어 있을 때, 인간이 전형적으로 꿈을 꾸는 구간과 같은 수면 구간에서 급속안구운동, 즉 렘(REM) 상태를 겪는다.

1959년에 프랑스 신경과학자 미셸 주베는 렘수면 동안 운동을 억제하는 고양이 뇌 속 메커니즘을 손상시킨 후에 잠자는 고양이가 머리를 들고, 먹잇감을 쫓고, 등을 아치형으로 구부리고, 심지어는 다투는 모습을 관찰했다. 이 연구를 계기로 많은 학자들이 고양이는 정말 꿈을 꾼다는 결론을 내렸다.

꿈속 활동의 징후는 대부분의 포유동물에서 관찰되었으며, 인간은 이 척도상 겨우 중간에 해당한다. 아르마딜로와 주머니쥐는 가장 강한 렘 패턴 중 일부를 보이는 한편, 돌고래의 렘 패턴은 눈에 띄게 약하다. 우리가 왜 꿈을 꾸는지에 대해 과학적으로 의견 일치가 된 부분은 없지만, 이에 대해 많은 이론들이 존재한다. 이 이론들 중에는 꿈이 우리가 감정을 처리하고, 사교적 그리고 위협적 상황을 연습하고, 또한 기억을 강화시키는 데 도움이 된다는 이론을 포함하고 있다. 그러니 내가 인간의 꿈에 대한 중요성까지 설명하지 않게 해주길 바란다. 인간의 꿈은 심오한 유사 심리학, 행복한 정신 이상자, 그리고 TV만 보는 바보들의 혼탁한 세계이다. 스스로를 혹사하고 싶다면, 대부분 틀린 것으로 판명된 프로이트의 《꿈의 해석》 읽기에 도전해 보길 바란다. 흠, 조금 심했나?

고양이는 행복감을 느낄까?

'우리 집 고양이는 내가 토닥여 주면 가르랑거리니, 그럼 행복한 거지 뭐.' 당신은 이런 생각을 하며 이번 질문이 가장 대답하기 쉽다고 여길 것이다. 성가시게도, 그게 그렇게 간단한 문제가 아니다(고양이는 상처를 입었을 때도 가르랑거린다). 바로 이 점이 생물학자들이 마치 고약한 전염병처럼 고양이 정서에 대한 논의를 피하는 이유이다. 어려움이라면 개와 다르게 고양이는 그다지 표현이 풍부하지 않다는 점이다. 야생 고양이는 감정을 표현하거나 공유할 필요가 거의 없는, 단독 생활을 하는 동물에 가깝다. 하지만 자기공명영상(MRI) 스캔을 통해 고양이 뇌에도 인간처럼 정서를 발생시키는 영역이 있음이 알려졌다. 즉, 고양이 뇌는 적어도 행복을 느끼는 적절한 정신적 메커니즘을 갖고 있다는 뜻이다. 질문인즉슨, 그래서 고양이가 행복을 느끼냐는 것이다.

이 질문에 답하기 전에 감정과 정서 사이의 차이점부터 해결해야 한다. 일반적인 심리학 용어로 말하자면, (이 두 단어의 정의에 대해 과학적으로 엄밀하게 의견 일치가 이루어진 적은 없으며, 감정과 정서를 구분하는 명확한 목록 또한 없다는 점을 염두에 둔 상태에서) 감정은 정서의 의식적, 주관적 체험인 반면 정서는 그 자체가 반응적 체험이다. 대개 뇌에서 분비되는 신경전달물질 및 호르몬을 매개로 하여 감각들에 의해 활성화되는 심리적, 생물학적 상태인 셈이다. 그러니까 아주 간단하게 말하자면, 우선 정서가 일어난 후에 감정이 생길 수 있다는 뜻이다. 고양이는 스트레스(벽에 소변을 배출하고 침대에 대변을 해결함), 불안(방광염과 같은 요로감염), 공포(특히 심장마비), 무료함, 당황, 그리고 놀라움과 같은 감정에 대해 명확한 징후를 보여 주는데, 이 징후들이 모두 정서적 반응이다. 그렇다고 고양이가 인간처럼 감정을 체험한다는 뜻은 아니다. 예를 들어 서열이 높은 고양이의 공격에 대한 공포를 그 고양이에 대한 '증오'로 규정한다거나, 누군가가 쓰다듬어 줄 때 솟아나는 즐거움이라는 감정을 '행복감'이라고 말하는 것은 무리다.

행복과 같은 감정은 즐거움이라는 정서 그 이상의 것이다. 즉, 주관적인 웰빙을 체험하는 것이다. 행복은 즐거움이 내게 끼치고 있는 효과를 인식할 수 있는 능력을 말한다. 이 모든 것은 고양이의 행복과 어떻게 연결될까? 글쎄, 고양이들에게서 즐거움의 확실한 증거를 잡아내기는 어렵다. 그러나 신경과학자 폴 잭은 고양이가 주인과 10분간 놀이를 한 후에 (간혹 '사랑 호르몬'으로 알려져 있는) 옥시토신 수치가 12% 높아진 것을 확인했다고 밝혔다(개의 옥시토신 수치는 57.2% 상승했는데, 모두들 개가 더 쉽사리 기뻐한다는 것은 이미 잘 알고 있을 것이다). 고양이 역시 스트레스를 받을 때에는 에피네프린(아드레날린)과 코르티솔을, 흥분할 때에는 엔도르핀과 같은 호르몬을 분비한다. 따라서 고양이가 즐거움과 고통을 느끼는 것은 거의 확실하지만 즐거움이 꼭 행복감과 같지 않으며, 고통이 꼭 슬픔과 똑같지 않다는 것이다. 생물학자 존 브래드쇼는 《캣 센스》에서 다음과 같이 밝혔다. "우리는 우리 정서를 어느 정도까지는 알아차리는데, 고양이는 틀림없이 그 정도로 알아차리기 힘들다." 따라서 고양이는 보통 즐거움을 체험하기는 하지만, 반드시 행복감을 체험하는 것은 아니다.

그럼, 죄책감은 어떨까? 소파를 뜯어 놓거나 레몬 껍질과 온종일 절여 둔 농어를 먹어 치운 걸로 반려묘를 야단친다면, 우리 눈에 녀석은 귀를 납작하게 눕히고 등을 약간 구부린 상태로 죄책감에 망연자실한 표정을 지으며 걸어 나가는 것처럼 보일지도 모르겠다. 하지만 현실은 이렇다. 녀석은 아마 우리의 격한 어조에 무서움으로 반응하는 중일 것이다. 물론 몹시 잘못했다는 듯한 표정을 짓는 개를 찍은 재미있는 유튜브 영상도 많이 있다. 하지만 연구 결과, 우리가 개에게 화난 목소리로 말하면, 개들은 잘못했든 안 했든 간에 그런 표정을 짓는다.

우리 집 고양이는 내 기분이 안 좋은 때를 알까?

개는 인간의 정서 표현을 이해하고 이에 반응을 보이는 탁월한 능력을 갖추고 있으며, 특히나 우리가 울면 즉각적으로 반응한다. 개는 복잡한 사회 집단으로 살아가는 무리 동물에서 진화했기 때문에 감정적 신호를 잘 알아차리고 이에 응답할 것이라 예상할 수 있다. 반면, (야생 고양이를 제외한) 고양이들은 단독 생활에 훨씬 익숙하며 사회적 상호 작용을 거의 필요로 하지 않기 때문에 우리는 고양이들이 인간의 감정을 제대로 파악할 수 없을 것이라 예상할 것이다. 하지만 그렇지 않다. 학술지 〈동물인지(Animal Cognition)〉에 발표된 2015년도 한 연구에서 고양이는 "적당히 정서에 민감하다"는 점을 밝혀냈다.

이 연구는 우리가 미간을 찌푸리는지 혹은 미소 짓는지에 따라 고양이가 다르게 반응한다는 사실을 보여 준다. 주인이 인상 쓰고 있을 때보다 미소 짓고 있을 때에 반려묘는 가르랑대기, 비벼 대기, 혹은 무릎 위에 엎드리기와 같은 긍정적 행동을 취할 가능성이 더 크다.

그런데 이와 동일한 표현을 하는 낯선 사람들에게 고양이가 다르게 반응을 보이는 것 같지는 않다. 고양이는 아마도 우리와 유대 관계를 발전시키기 위한 일환으로 우리 표정을

전설의 고양이들

총리 관저 쥐잡이 수석 보좌관

영국 정부가 상주하는 고양이를 두게 된 이유를 찾자면, 1500년대로 거슬러 올라간다. 하지만 동물 보호소인 '배터시독스앤캣츠홈'에서 데려온 갈색과 흰색 얼룩무늬 구조묘인 다우닝가 고양이 래리에게 쥐잡이 수석 보좌관이라는 공식 직함이 처음 수여된 것은 2011년의 일이다. 비록 쥐잡는 데 소질이 부족한 것으로 유명했지만, 래리는 2013년 10월, 2주 만에 가까스로 쥐 4마리를 잡았다. 보통 남자들에게는 신경질적이었으나 미국 전 대통령 버락 오바마만큼은 예외였으며, 오히려 상당히 좋아했다고 한다.

읽는 능력을 후천적으로 습득한 것일 수 있음을 암시한다. 물론 이것은 단순하고 고전적인 훈련법일지 모른다. 우리는 기분이 좋은 (그래서 훨씬 더 미소 짓기 쉬운) 상태일 때 반려묘에게 애정을 표현하거나 간식을 주는 확률이 더 높기 때문에 녀석들은 단지 이에 반응을 보이는 것뿐일 수도 있다.

만약 내가 울고 있을 때 반려묘가 꼭 우리 입장에서 공감하고 있다는 뜻은 아니더라도, 다른 대상도 아닌 고양이가 건네는 행동이라면 그 어떤 자질구레한 호의라도 받아들일 것이다.

외출 고양이는 대체
어디로 가는 걸까?

반려묘가 사방팔방 다니며 모험으로 가득한 삶을 살고 있다고 생각한다면 오산이다. 실망할 준비부터 하시라. 대부분의 고양이들은 온종일 하는 일이 없어도 너무 없다. 하루 중 66%는 자고, 3%는 서 있고, 3%는 걷다가, 0.2% 동안만 활발하게 움직인다. 그리고 고양이는 좁은 영역에서 활동한다. 호주에서 진행된 한 연구 결과에 따르면, 도시 고양이는 $100m^2$에서 $6,400m^2$ 이내의 '행동권 영역'을 갖고 있다. 그런데 계산해 보면 그리 큰 수가 아니다. $100m^2$는 10m에 10m를 곱한 넓이이며, $6,400m^2$조차도 그저 80m에 80m를 곱한 넓이이다. 결코 넓은 영역이 아니다.

외출 고양이들은 일단 집을 벗어나면 높은 곳을 찾아가는 경향이 있다. 그곳에서 안전하다는 느낌이 들면 앉아서 제 영역을 바라보는 것뿐이다. 스스로 잡을 수 있겠다 싶은 작은 포유동물이나 새를 보면 잠깐 공격할 생각이 날지도 모르겠지만, GPS 추적 결과는 늘 고양이들이 얼마나 하는 일이 없는지를 보여 준다. 다른 고양이들과의 다툼도 극히 드문 일이다. 고양이들은 충돌을 피하고자 각별히 조심하며, 제 영역을

다지는 데 실패했던 고양이들은 대부분의 시간을 창문 밖을 바라보면서, 행여라도 바깥에서 서열이 높은 고양이를 맞닥뜨릴까 겁이 나 실내에서 소변을 뿌리며 보낸다.

2019년에 영국 더비 대학교 연구팀은 고양이들에게 카메라를 부착하고 특정 장면을 분석했다. 연구팀이 첫 번째로 알게 된 사실은 연구 대상 고양이들의 25%가 카메라를 어찌나 싫어하는지, 연구에서 제외시켜야 했다는 점이다. 그들이 처음 발견한 유용한 사실은 고양이들이 밖에 있을 때에는 오랜 시간 동안 주변을 극도로 경계하면서 유심히 살핀다는 점이었다. 이 고양이들은 종종 다른 고양이들을 만나지만 좀처럼 활발하게 어울리지는 않으며, 두 개체가 만나면 길어야 30분 정도 서로 몇 미터 간격을 두고 그저 앉아 있을 것이다. 확실히 그로울타이거의 마지막 접전*은 아니지 않은가?

---

* 그로울타이거는 T.S. 엘리엇의 시집 《노련한 고양이에 관한 늙은 주머니쥐의 책》(1939)에 등장하는 '바지선 위에 사는 해적 고양이'로, 허구한 날 템스강 강둑에 서식하는 동물들을 상대로 싸움을 벌이고 공포에 떨게 했다.

고양이는 밤에 주로 무얼 할까?

집고양이가 야생 고양이 사촌들처럼 (밤에 활발한) 야행성 동물이라는 생각은 흔한 오해이다. 2014년에 방송된 BBC 다큐멘터리 〈호라이즌〉에서는 고양이의 움직임을 추적하여 다음과 같은 사실을 알아냈다. 도시 고양이들은 (낮 동안 활발한) 주행성일 확률이 높은 한편, 시골 고양이들은 야행성일 가능성이 더 높은데, 그렇더라도 도시와 시골 고양이들의 상당수가 (새벽녘과 해 질 녘에 활발한) 박명박모성이다.

박명박모성 고양이들은 탁월한 저조도 시력 덕을 보는 셈이다. 저조도 시력은 땅거미가 질 때 고양이가 쥐 같은 작은 포유동물들보다 유리한 위치를 차지하게 돕는다. 이에 비해 쥐들은 시력은 나쁘지만 움직임을 감지하는 말초 시력이 뛰어나고 또 먹이를 탐색하기 위해 감각털에 의지하기도 하는

데, 그 덕분에 새벽녘과 해 질 녘에 매복 공격을 하거나 먹잇
감을 미행하기에 딱 좋은 조건을 갖추고 있다.

　모든 고양이들이 번거롭게 사냥을 하는 것은 아니다. 조
지아 대학교 연구진은 한 무리의 고양이들에게 카메라를 부
착하여 대상 고양이들의 44%가 주로 밤에 야생에서 사냥을
하고 7일에 걸쳐 평균 두 번꼴로 먹이를 잡는다는 사실을 알
게 되었다. 또한 많은 고양이들이 쉬이 위험에 처하는 듯했
다. 손에 꼽히는 위험한 행동으로는 도로 건너기(45%), 낯선
고양이와 맞닥뜨리기(25%), 거주지를 벗어나 낯선 곳에서 먹
기(25%), 빗물 배수관 시스템 탐색하기(20%), 그리고 갇힐지
도 모르는 바닥 밑 공간에 들어가기(20%)가 있었다.

　그런데 집고양이들은 어떻게 사촌 격인 아프리카 들고양
이의 야행성 패턴과 다르게 바뀌었을까? 글쎄, 기축화가 고양
이들의 활동 시간대에 영향을 끼친 것일지도 모른다. 이 이론
은 이탈리아 메시아 대학의 소규모 연구에서 또 확인할 수 있
다. 연구진은 고양이의 활동이 인간의 존재와 그들의 보살핌
에 크게 영향을 받으며, 따라서 유전적인 것은 아닐 수도 있
다고 밝혔다.

전설의 고양이들

테비와 딕시

에이브러햄 링컨이 기르던 고양이들. 링컨 대통령은 딕시가 "전체 관료들보다 더 똑똑하다"고 말한 적이 있다고 한다.

전설의 고양이들

날라

430만 팔로워를 자랑하는 인스타그램의 인기 고양이. 날라는 생후 5개월 때 바리시리 메타치티판이라는 사람에게 구조되었다. 날라는 동그랗고 파란 눈동자를 지닌 아주 귀여운 고양이로, 자신만의 고양이 사료 브랜드도 갖고 있다.

고양이의 가출

어느 날, 우리 집 고양이 톰은 집을 떠나 다른 누군가와 어울리기로 결심했다. 녀석은 길을 잃은 게 아니었다. 나흘 만에 녀석을 다시 보았으니까. 녀석은 건강하고 즐거워 보였다. 우리 가족은 심란했지만. 애정이 부족했나 싶어서 우리는 온 마음을 다해 톰을 사랑해 주었다. 몇 주가 지나면서 나는 톰이 점점 우람해지고 있음을 눈치 챘고, 녀석을 잡아 수의사에게 데려갔다. 수의사는 비만성 당뇨를 경고했고 톰에게 목걸이를 다시 채워 주며 마치 톰이 말하듯이 "제게 먹이를 주지 마세요"라고 중얼거렸다. 그 후로도 톰의 몸집이 계속 불어나는 걸로 보아 이유는 명백해졌다. 녀석에게 먹이를 주는 사람이 있는 것이다. 우리는 녀석이 더 아플까 봐 안절부절못했다.

그러다가 마침내 돌파구를 찾긴 찾았다. 가을에 나뭇잎들이 우수수 떨어지기 시작하면서 이웃집 정원이 슬쩍 보였는데, 그곳에서 먹이로 가득 찬 밥그릇을 옆에 두고 엎드려 있는 톰을 아내가 발견했다. 톰은 불과 몇백 미터 떨어진 곳으로 거처를 옮겨 간 것이었다!

그 이웃은 함께할 누군가가 절실하게 필요했던, 다정한 사람이었다. 그는 톰에게 먹이를 주면 안 된다는 사실을 알고 있으면서도 끊기 힘들었으리라. 무엇보다 톰을 아주 많이 사랑해 주었다. 하지만 우리 가족도 녀석을 사랑했기에 진심으로 녀석이 돌아오길 바랐다. 물론, 톰은 원하면 언제든지 어디든 다닐 수 있었다. 어쨌든 이제 이 외로운 이웃집 남성은 먹이 주기를 멈춰야 했고, 톰은 워낙 먹이에 집착하기 때문에 이러다가는 그들의 관계가 끊어질 것 같았다. 이런 관계는 무려 2년이나 고통스럽게 지속되고 멈추고를 반복했다. 그러다가 이웃집 남성이 이사를 가자, 톰은 아주 당당하게 우리에게 돌아왔고 다시 정상 체중으로 돌아왔다.

고양이는 변덕스럽기로 유명한 피조물이어서 고양이가 훌쩍 집을 떠나 다른 사람과 사는 것은 다른 동물에 비해 상대적으로 흔한 일이다. 고양이의 가출은 대개 아기나 다른 반려동물이 등장했을 때와 같은 생활환경의 변화와 맞물리지만, 가끔은 사람들의 간섭에도 책임이 있다. 반려동물 탐정 사무소는 도둑맞거나 사라진 반려동물을 되찾아 주는 일을 전문으로 하는, 영국에 기반을 둔 단체이다. 이곳의 소장 콜린 부처는 전체 고양이들의 절반 정도가 두 번째 집을 가지고 있다고 추정한다. 반려동물을 의도적으로 유인하는 행위는 별개의 문제이지만, (먹이를 먹여 안으로 들이는 식으로 입양이 이루어진다) 이런 행위는 절도로 이어질 수도 있다.

콜린은 경찰관 출신으로, 그의 업무는 고양이를 데려간 사람을 찾아가 그 고양이를 돌려보내도록 설득하는 일이다. 콜린은 의뢰 사건 대부분이 만족스럽게 마무리될 것이라 믿는다. 하지만 동네 고양이 여러 마리를 모아서 먹이를 주고 심지어 가둬 두기까지 하는, 상습적인 고양이 호더들을 맞닥뜨린 적도 있다. 법적으로 이웃이 나의 반려묘를 보는 눈빛이 예사롭지 않다면, 절도를 증명하기 위해 그 이웃이 우리에게서 소유권을 영원히 빼앗으려는 의도가 있음을 반드시 입증해야 한다. 하지만 그보다 훨씬 더 화나는 건 내 반려묘가 단순히 다른 사람을 더 좋아할 수 있다는 사실이다.

고양이는 정말 수백 킬로미터 밖에서 집으로 돌아올 수 있을까?

대단히 먼 거리를 이동하여 집으로 돌아온 고양이에 관한 수 많은 뉴스가 있다. 1985년, 오하이오주에서 머디라는 이름 의 고양이가 밴에서 뛰어내린 지 3년 후에 그곳에서 무려 725km 떨어진 펜실베이니아주의 집으로 돌아왔다. 1978년, 고양이 하위는 오스트레일리아 대륙을 가로질러 1,900km 거 리를 걸어 집으로 돌아오는 데 1년이 걸렸으며, 1981년에 고 양이 미노쉬는 61일 동안 2,369km를 이동하여 독일에 있는 집에 도달했다.

그렇지만 고양이가 귀소 본능이 있다는 생각은 경계해야 한다. 어찌 되었든 수천 마리의 고양이들이 매일 길을 잃고 다시 돌아오지 못하는 실정이기 때문이다. 이런 이야기는 좀 처럼 뉴스로 보도되지 않는다. 엄청난 장거리 여행 끝에 집으로 돌아오고야만 몇몇 고양이들은 규칙에서 벗어난 예외적인 경우일 가능성이 더 크다.

고양이의 귀소 능력에 관한 과학 연구는 거의 없으며, 있더라도 대부분 아주 오래된 것들이다. 1922년, 프란시스 헤릭 교수는 어미 고양이를 새끼 고양이로부터 멀리 떨어뜨려 놓았다. 그 거리를 1.6km에서 6.4km 사이로 다양하게 설정했는데, 어미 고양이는 언제나 새끼 고양이들에게 돌아오는 길을 찾아냈다. (정말 다행이다, 못된 교수 같으니!) 1954년에 독일 연구진은 고양이가 여러 개의 출구가 있는 미로에 놓였을 때 집과 제일 가까운 출구를 선택하는 경향이 있음을 알아냈

반(van)고양이

반고양이는 물을 무척 좋아하는 고양이 품종으로서 튀르키예의 반 호수에서 수영하는 모습이 목격된 적도 있다. 헷갈릴 수도 있겠지만, 튀르키예 원산인 반고양이는 터키시 반 고양이와는 다른 품종이다.

다. 하지만 어떻게, 왜 고양이들이 그렇게 행동하는지는 아직 수수께끼로 남아 있다. 고양이는 당연히 후각, 청각 그리고 시각을 이용해 길을 역추적하는데, 그뿐만 아니라 집에 도달할 때까지 계속해서 정찰을 할 수도 있다. 개는 지자기 감각을 지닌다는 (그래서 몸을 남북 방향축과 나란히 두고 배변하는 것을 선호하는 경향이 있다는) 귀를 솔깃하게 하는 단서도 존재한다. 하지만 고양이가 이와 똑같은 감각을 지니는지의 여부는 아직 확실하지 않다.

고양이는
왜 오이를 무서워할까?

와이파이도 안 잡히는 동굴 속에서 살다 온 게 아니라면, 여러분은 누군가가 뒤에 오이를 슬쩍 놓자 화들짝 놀라는 고양이를 찍은 유튜브 영상을 한 번쯤은 보았을 것 같다. 고양이는 뒤돌아 오이를 발견하자마자 공포에 질려 공중으로 튀어오르고, 등을 아치형으로 구부려 냅다 뛰쳐나가거나 조심스럽게 오이를 검사한다. 이유가 뭘까?

여러 연구를 통해 알아낸 사실은 이렇다. 고양이는 단기 기억과 장기 기억뿐만이 아니라, 충분히 발달된 대상 영속성(외부 대상이나 물체가 직접적으로 시야에 있지 않아도 지속적으로 존재한다는 것에 대한 인식)을 갖고 있다. 그러므로 고양이가 갑자기 나타난 대상에 충격을 받는 건 놀랄 일이 아니다. 다만 더 중요한 사실은 위험한 뱀을 회피하도록 진화되어 왔던 고양이들의 조상인 아프리카 들고양이와 비교했을 때 거의 달라진 게 없다는 것이다. 느닷없이 어디선가 오이가 나타나면 반려묘가 오이를 살아 있는 생명체로 오해했을지도 모른다. 게다가 그 모양이 분명 뱀과 비슷하다는 사실을 이해하는 데는 오래 걸리지 않는다. 그러니까 우리가 고양이 뒤에 몰래 오이를 가져다 두면 녀석이 뱀인 줄 알고 화들짝 놀라 날뛸 가능성이 농후한 셈이다. 이것이 우리가 재미있는 틱톡 영상을 찍기 위해 녀석을 그런 식으로 놀라게 해서는 안 되는 이유이다.

고양이는 왜 물을 싫어할까?

많은 고양이들이 목욕의 위협이 엄습해 오면 난폭하게 돌변한다(안타깝다. 안 그래도 물에 흠뻑 젖으면 정말 우스꽝스럽게 보이는데 말이다). 하지만 그런데도 물방울이 똑똑 떨어지는 수도꼭지, 물웅덩이, 그리고 주인이 들어가 누워 있는 욕조라면 정신을 못 차린다.

고양이와 물의 관계는 한마디로 설명하기 복잡하지만, 모든 고양이가 물을 싫어하는 것은 아니다. 고양이들은 대개 (우리 집 금붕어 학살자 치키를 제외하면) 수생 동물을 좀처럼 사냥하지 않기 때문에 먹이를 구하러 물가를 찾아갈 필요는 없다. 또한 상대적으로 물을 거의 마시지 않고 필요한 수분의 대부분을 먹이에서 얻는다. 그러니 고양이가 욕조나 연못 혹은 호수에 뛰어들어야 할 필요성이나 뛰어들고픈 욕구가 없는 것도 이해할 만하다. 그런데 종종 자신의 반려묘가 (특히나 앙고라 고양이) 목욕을 아주 좋아하고 심지어 수영까지 한다고 말하는 사람들도 있다. 반고양이는 가끔 튀르키예의 반 호수에서 첨벙거리며 노니는 모습이 발견되기도 한다. 하지만 이 고양이들은 어디까지나 예외적인 경우에 속하며, 게다가 보통 고양이보다 방수성이 더 좋은 털을 갖고 있는 것으로 예상한다. 돈이 많다면 (물방울이 똑똑 떨어지는 호스가 훨씬 적은 비용으로 큰 매력을 발산할 것 같긴 하지만) 소규모 고양이 식수대는 좋은 사업 아이템이 될 것이다. 많은 고양이들이 물에 몸을 담그는 것을 즐기지 않는다 해도 물에 넋을 빼앗기기 때문이다.

그럼 목욕은 어떨까? 사실은 이렇다. 대부분의 고양이는 그야말로 목욕할 필요가 전혀 없다. 그들은 셀프 털 손질에 있어서 전문가이기 때문이다. 고양이 혓바닥을 덮고 있는 끝이 굽고 속이 빈 유두는 오랜 시간 털을 다듬을 수 있도록 효과적으로 진화되어 왔다. 또한 고양이들은 멈추지 않고 끝없이 기둥에 몸을 비벼 대고, 냄새를 분비하며, 또 대회 참가 수준으로 털을 핥아 대면서 정말 열심히 작업해 온 것이다. 그걸 망치려면 인간이라 할지라도 위험을 무릅써야 할 것이다.

우리 집 고양이는 왜 하필 소파를 긁는 걸까?

놀랍게도 정답은 발톱을 날카롭게 유지하기 위해서가 아니다. 소파를 긁는 데에는 몇 가지 이유가 있다. 아주 단순하게 생각하면, 고양이는 아주 촉각에 예민한데다가 푹신한 것, 꾹꾹이(앞발을 안마하듯 번갈아 누르는 동작-옮긴이) 그리고 발톱 내밀기를 무척 좋아하기 때문이다. 그뿐만 아니라 발바닥에서 분비되는 체취를 자국으로 남기는 것을 아주 좋아한다.

더 중요한 이유를 꼽자면, 고양이 발톱은 보호 기능이 있는 케라틴이 칼집 모양으로 덮여 있는데, 이 겉껍질은 끊임없이 재생되며 약 3개월마다 떨어져 나가야 하기 때문이다. 발톱으로 사물을 긁는 스크래칭은 고양이의 오래된 발톱 껍질을 제거하는 데 도움이 된다. 이 겉껍질은 지속적으로 길게 자라난다는 점에서 손가락 끝을 보호하는 인간의 손톱과 완전히 같지는 않아도 크게 다르지 않으며, 가끔 벗겨진 겉껍질이 여기저기 널려 있는 모습을 볼 수도 있다.

소파 긁기 문제를 해결할 가장 재치 있는 방법은 발톱 캡을 씌우는 것이다. 발톱 캡이란 반려묘의 발톱에 끼울 수 있는 조그마한 가짜 발톱 집을 말한다. 벗겨진 가구 때문에 마음이 쓰린 정도에 따라서 고양이에게는 최대 굴욕인 색색의 화려한 형광색 캡을 구매할 수도 있다. 6주마다 교체해 줘야 하겠지만 어쨌든 이 발톱 캡으로 고양이 스크래칭을 멈추게 할 수 있을지도 모른다. 더 좋은 해결책은 스크래칭 기둥을 만들거나 구입하는 것이다(푸석푸석한 야자 섬유라든지 반려묘가 제일 망가뜨리기 좋아하는 물건과 같은 재질로 된 것이면 더 좋다). 그리고 그 스크래칭 기둥을 너덜너덜해진 소파 옆에 두어 소파를 긁는 행동을 자제시켜 보자!

고양이는 왜 나무 위에서 꿈쩍하지 않는 걸까?

고양이는 높은 곳에 앉아 있는 것을 무척 좋아한다. 안전하다고 느끼기 때문이다. 고양이가 제아무리 훌륭한 포식자라 해도 개, 더 큰 고양이, 그리고 다른 육중한 포유류에게는 피식자이기도 하다. 자신의 세력 범위뿐만 아니라, 멍청하기 짝이 없는 족속인 개를 주시할 수 있는 나무 위나 부엌 문 꼭대기에 앉아 있는 행동에는 여러모로 합당한 이유가 있다. 일단 그 누구도 녀석들을 귀찮게 힐 수 없다. 또한 고양이는 평화와 고요를 정말 중요하게 여기며, 개와 고양이 사이에서는 더더욱 그렇다.

나무는 새를 쫓기에도 훌륭한 장소인데, 이곳은 고양이가 난관에 봉착하는 장소이기도 하다. 가끔 너무 높이 올라갔을 때 벌어질 일에 대한 걱정보다 추격전의 짜릿함이 앞서기 때문이다. 여기서 문제는 고양이 발톱은 뒤를 향해 굽어 있기 때문에, 고양이가 전진하며 나무를 오를 때는 아주 유리하지만 천천히 머리부터 내려올 때는 그다지 도움이 되지 않는다. 뒷걸음질하며 내려오기가 불편하다는 것을 그들 스스로도 알기 때문에, 어떤 고양이가 높은 곳에서 꿈쩍하지 않는 것은 너무 당황해서 내려오지 못하는 것일 수도 있다.

그럼 우리는 무엇을 해야 할까? 우선 높은 사다리는 가져오면 안 된다. 높은 곳에 올라 겁에 질려 어쩔 줄 모르는 고양이를 다루는 행위는 곧 떨어져서 크게 다치기에도 아주 좋은 방법이다. 고양이가 심한 충격에 휩싸인 게 아니라면, 보통은 충분한 시간과 (아마도 밥그릇 흔드는 소리 같은) 동기가 주어지면 고양이는 결국 내려올 것이다. 훨씬 좋은 방법은 우리가 쓸 깔개, 고양이 사료 약간, 그리고 책을 가져와 고양이가 혼자서 내려올 정도로 고요함과 따분함을 충분히 느낄 때까지 나무 밑에 자리 잡고 앉아 있는 것이다. 긴 시간 동안 고양이가 움직일 생각을 하지 않을 경우에만 소방대에 신세를 져야 한다. 그리고 꼭 신세를 져야 한다면, 대원들이 도착할 시간에 맞춰 맛있는 간식이라도 대접하라고 조언하고 싶다.

왜 고양이는 상자를 좋아할까?

일본에 사는 마루는 스코티시폴드 품종의 유명한 고양이다. 녀석은 상자를 참 좋아한다. 녀석이 상자로 뛰어드는 영상은 이미 천만 조회 수를 얻었다. 마루가 상자 안으로 뛰어든다. 마루가 상자 밖으로 뛰쳐나온다. 상자가 쓰러진다. 마루는 상자를 대단히 좋아한다. 마루는 귀엽다. 그게 전부다, 정말이다. 조회 수가 천만이다! 우리 집 고양이는 아무 상자, 아니면 개수대, 가방, 오븐 혹은 세탁기처럼 박스와 비슷하게 생긴, 그 어느 곳에라도 들어갈 것이다. 녀석은 내가 빵을 반죽하는 데 쓰려던 믹싱 볼에까지 들어갈 것이다.

그런데 왜 하필 상자일까? 글쎄, 우리의 추리에 도움이 될 만한 증거를 바탕으로 한 연구가 아직 없기에, 일부 의견에 의존할 수밖에 없다. 가장 신빙성 있는 의견들 중 몇 가지를 여기 소개한다.

1. 고양이는 매복 사냥을 하는 포식자이며, 상자는 먹잇감을 덮치기 전에 숨기 좋은 장소가 된다. 또한 멍청하기 짝이 없는 족속인 개로부터 몸을 숨길 수 있게 해 준다. 이 의견의 문제점은 고양이는 상자에 숨기도 하지만 갇히기도 하는데, 고양이는 갇히는 것을 싫어하므로 위험을 감수하면서 상자에 들어가는 셈이다. 짐작하건대 갇힐 위험보다 숨고 싶은 욕구가 더 크다고 볼 수 있다.

2. 고양이는 호기심이 많은데, 상자는 살펴볼 데가 많은 장소이다.

3. 가장 유력한 의견 중 하나는 '머리를 도로 이불 속으로 밀어 넣으면, 모든 문제는 사라질 것'이라는 고양이 수준에 딱 맞는 원칙 때문이다. 2014년의 한 네덜란드 연구에 따르면, 동물 보호소에 도착한 후 숨을 상자가 있는 고양이는 상자가 없는 고양이보다 스트레스를 훨씬 덜 받으면서 주변 환경과 사람들에 더 빨리 익숙해졌다. 상자에 숨는 행위는 고양이가 새로운 환경에 대처하는 데 도움이 된다. 이 사실은 일반적으로

사교적이지 못한 고양이의 특성과 궤를 같이한다. 다시 말해서, 고양이는 변화된 환경에 맞서서 해결하기보다는 피하는 쪽을 택한다. 본질적으로 고양이는 그 속에서만큼은 언제나 유일한 존재이기 때문에 상자를 좋아하는 것이다.

훌륭한 엄마 고양이에
그렇지 못한 아빠 고양이?

고양이는 본래 단독 생활을 하는 동물이다. 먹이가 충분하고 인간의 간섭이 일체 없는 한, 집에서 기르는 암컷 새끼 고양이들이 가끔 엄마 고양이와 계속 함께 살긴 하지만 말이다(수컷 새끼 고양이는 약 생후 6개월에 가족 단위를 떠난다). 이렇게 남은 암고양이들이 새끼를 낳으면, 아주 순조롭게 알아서 돌봄 책임을 분담할 것이다. 만만치 않은 보모들인 셈이다.

수고양이는 새끼 고양이를 기르는 데 좀처럼 도움을 주지 않는다. 어쨌든 암고양이는 다수의 수고양이와 짝짓기했을 가능성이 높기 때문에(이것이 한배에서 태어난 새끼 고양이들이 여러 가지 다양한 특징을 지니는 이유다) 진화적 관점에서 볼 때 수고양이는 스스로 혈통에 기여한다고 자신할 수가 없다. 수고양이 입장에서는 될 수 있으면 많은 새끼 고양이들의 아빠가

되기 위해 노력하는 게 상책인 셈이다. 수고양이들은 자신과 관련 없는 새끼 고양이는 죽인다고 알려지기도 했다. 이런 경우를 피하고자 어미 고양이는 다시 암내를 풍겨 수고양이의 짝짓기 시도를 허용하고, 수고양이는 자신의 진화적 계통을 우선적으로 챙길 것이다. 이런 이유로 암고양이는 가족 주변 어디에도 수고양이를 두길 원하지 않는다.

그렇지만 "엄마 고양이는 착하고 아빠 고양이는 나빠"라는 식의 간단한 문제는 아니다. 수컷의 새끼 죽이기보다 더 충격적인 경우는 암컷의 새끼 죽이기이다. 어미 고양이가 새끼들 중 하나를 잡아먹고 나서 아무 일도 없었다는 듯 나머지 자손들을 계속 돌보는 것이다. 이런 경우가 드문 일은 아니다. 어떤 새끼 고양이가 아프거나 기형이라는 사실을 어미 고양이가 감지했을 때 가장 일어날 가능성이 높다고 알려져 있다. 야생에서는 한배에서 나온 새끼들 중 제일 작고 약한 개체를 제거함으로써 남은 개체들 몫으로 더 많은 먹이와 보호 혜택이 돌아간다. 새끼 고양이를 잡아먹는 행동은 받아들이기 어려운 듯하나, 굶주림과 스트레스에 시달리는 어미 고양이가 질 좋은 영양분을 왜 마다하겠는가? 여기서 진짜 비극은 어미 고양이가 어떤 새끼 고양이를 유약하거나 병에 걸린 상태라고 인식하게 하는 메커니즘이 아주 예민하게 작동된다는 것이다. 그리고 그 새끼 고양이와는 무관한 요인들, 예를 들어 부엌 근처의 희한한 냄새나 돌출 행동, 심지어는 진동으로 인해 그 메커니즘이 활성화될 수도 있다.

강인한 엄마 고양이들

1937년, 미국 본햄시에서 태어난 얼룩무늬 고양이 더스티는 일생 동안 420마리의 새끼 고양이를 낳았다. 1952년 6월 12일, 더스티는 마지막 출산으로 단 1마리를 낳았다. 기네스북에 따르면, 한배에서 동시에 태어난 가장 많은 고양이 개체 수는 19마리였다. 이 새끼 고양이들은 영국의 킹햄 지역에서 버마 고양이와 샴 고양이의 교배종으로 태어났다.

5장

고양이의 감각

고양이는 어떻게
어둠 속에서 잘 볼까?

고양이 눈은 특히 조도가 낮은 조건에서 사냥하는 데 훌륭하게 적응되어 있다. 고양이는 머리 크기에 비하면 두 눈이 거대한 편인데, 사람 눈 크기와 거의 비슷한 정도이다. 또한 고양이 동공은 사람의 동공보다 3배 더 크게 확대될 수 있다. 그래서 고양이는 훨씬 더 많은 자연광을 받아들여 이용할 수 있다. 고양이의 동공은 그야말로 야행성 사냥에 안성맞춤인 셈이다.

그렇지만 고양이 눈의 비밀 병기는 바로 반사판이다. 반사판은 망막 뒤쪽에 있는 초록빛이 감도는 역반사 층으로서 빛을 안구 뒤쪽으로 반사시켜, 실질적으로 40% 더 많은 빛이 눈에 들어오게 한다. 반사판 덕분에 고양이는 0.125lux에서도 볼 수 있다(lux(럭스)는 조도를 나타내는 단위이다. 비교하자면 인간은 최소 1lux에서 겨우 앞을 볼 수 있다). 고양이는 악어, 상어, 개, 쥐, 그리고 말 등과 함께 이 유용한 장치를 갖고 있다. 예컨대 어둠 속에서 손전등으로 고양이 눈을 비추면, 두 눈이 초록빛 광채를 되비친다. 손전등 불빛의 일부가 반사판에 의해 반사되어 망막으로부터 쏟아져 나오기 때문이다. 낮에는 고양이가 좁다란 (그래서 약간 오싹한) 틈새만 남기고 동공을 닫기 때문에 우리는 반사판을 확인할 수 없다.

하지만 특별히 저조도 환경에서 사냥하기 적합하게 고안된 눈에도 단점이 있다. 주간 시력에는 손해라는 점이다. 고양이는 낮 동안에 시각적 장면의 상세함이 인간에 비해 훨씬 못 미칠 뿐만 아니라, (멀리 있는 물체를 잘 보지 못하는) 근시이자 (25cm 이내로는 어떤 것에도 초점을 맞추지 못하는) 원시이기도 하다. 정말이지 고양이의 수정체 체계는 매우 번거로워서 고양이는 애써 근거리 초점을 시도조차 하지 않는다. 인간의 '정상' 시력(투명도 혹은 선명도)은 20/20 혹은 1.0인데 반해, 고양이의 정상 시력은 20/100 혹은 0.2 정도이다. 이는 정상 시력인 사람이 어떤 대상을 약 30m 떨어져서 보는 만큼의 선명도로 보기 위해서는 고양이가 그 대상으로부터 약 6m 정도 떨어져 있어야 함을 의미한다.

고양이 눈 뒤쪽에서 빛을 감지하는 광수용기 세포들 역시 인간의 것과 다르다. 고양이와 인간 모두 간상세포과 원뿔세포를 갖긴 하지만, (간상세포는 흑백 강도를 감지하고 원뿔세포는 색을 감지한다) 고양이 눈은 인간 눈에 비해 원뿔세포에 대한 간상세포의 비율이 훨씬 더 크다. 이런 분포 비율로 인해 고양이 눈은 밝고 어두움에 매우 민감한 반면, 색에는 매우 둔감하다. 고양이는 청색과 녹색을 감지할 수 있지만 적색을 감

전설의 고양이들
라거 캣(Lager Cat)

유명한 패션 디자이너 칼 라거펠트의 고양이 슈페트는 2019년에 주인이 세상을 떠난 후에도 여전히 이름을 떨치고 있다. 슈페트는 왕성한 트위터 계정, 그러니까 대리인을 두고 있는데, 물론 라거펠트가 약 2억만 달러에 달하는 재산 중 일부를 녀석에게 물려주었을 수도 있고 아닐 수도 있다.

지하는 원뿔세포가 부족해서 색깔에는 거의 관심이 없다. 아마 고양이는 좋은 색각에서 얻은 진화적 장점이 거의 없을 것이다. 색각은 사냥에 특별히 쓸모 있는 능력이 아니기 때문이다. 그 대신에 고양이 눈은 작은 동물을 잡는 데 가장 필요한 시각적 도구를 강화하는 쪽으로 적응되어 왔다.

또한 품종에 따라 다르긴 하지만, 보통 고양이는 인간보다 더 높은 점멸융합율을 갖고 있다. 다시 말해, 고양이 뇌 속 시각피질은 초당 약 100프레임으로 바뀌는 화상을 분간할 수 있으며, 이는 보통 사람이 처리할 수 있는 초당 60프레임보다 훨씬 빠른 셈이다. 결과적으로 고양이는 우리 인간보다 순간적인 움직임을 더 잘 감지할 수 있지만, 구식 텔레비전과 형광등은 깜박거리는 것으로 인식한다.

또 하나의 눈꺼풀

고양이는 탁월한 야간 시력뿐만 아니라 순막을 갖고 있다. 순막이란 불투명한 제3의 눈꺼풀로서 옆쪽에서 미끄러지듯 움직여 고양이 눈을 닦아 주고 보호해 준다. 많은 새들이 이 순막을 갖고 있으며 특히나 칠면조의 순막은 툭 튀어나와 있다. 또한 개, 낙타, 땅돼지, (물 밖에서만 순막을 사용하는) 강치, 어류, 악어, 그리고 다른 파충류에게도 순막이 발견된다. 개인적으로 순막과 관련된 가장 재미있는 사실은 딱따구리가 부리로 나무를 쪼기 1,000분의 1초 전에 흔들리는 충격으로부터 망막을 보호하기 위해 순막을 팽팽하게 조인다는 점이다.

보통 환경에서 반려묘의 순막을 보기는 힘들 것이다(만약 보인다면 반려묘의 건강이 좋지 않은 것일지도 모른다). 하지만 녀석이 잠들어 있을 때 살살 눈을 젖히면 순막을 찾을 수 있을 것이다. 운이 따라야 하지만 말이다. 우리 집 고양이였다면 아마 내 코를 뜯어 놓늘 것이나.

고양이는 어째서 좋은 냄새가 날까?

고양이가 개만큼 냄새 맡는 기량이 아주 훌륭한 것은 아니지만, 여전히 인간보다는 훨씬 낫다. 메커니즘은 인간과 똑같다. 고양이는 공기 호흡을 하며 그 공기 중에 향미 휘발성 물질(냄새를 운반하는 분자) 중 일부가 고양이의 후각상피에 도달한다. 후각상피는 코에서 냄새 감지에 특화된 영역을 말하는데, 고양이의 후각상피는 인간의 것보다 5배 더 넓으며 얇은 점막으로 덮인, 냄새에 민감한 수백만 개의 신경 말단을 포함하고 있다. 냄새 분자는 이 얇은 점막에 녹으면서 여러 종류의 신경 말단 중 일부와 상호 작용하여 신호를 만들어 낸다. 그 신호가 뇌로 전달되는 것이다. 다양한 신경 말단들이 각각 다른 분자들을 감지하면, (그렇지만 이에 대한 메커니즘은 제대로 알려지지 않은 상태이다) 뇌는 이 정보를 이용하여 냄새들을 전부

식별한다.

고양이는 사냥감을 추적하기 위해서뿐만 아니라 다른 고양이들의 냄새를 파악하기 위해서 막강한 후각 능력이 필요하다. 다른 고양이들의 냄새는 소변, 대변, 혹은 다양한 취선에서 분비되는 향 뒤에 항상 남아 있기 마련이다. 이러한 배설물 혹은 분비물은 나이, 건강, 짝짓기 상태에 대한 정보를 제공할 뿐만 아니라, 영역을 표시하여 고양이들이 서로 마주치지 않는 데 도움이 된다.

또한 고양이는 서골비 기관(VNO)이라 불리는 두 번째 후각 감지 기제를 별도로 갖고 있다. 이 기관은 고양이의 입천장에 숨겨져 있으며 위쪽 앞니 뒤에 2개의 미세한 관으로 연결되어 있다. 후각상피와 달리 보습코 기관은 주머니 형태이다. 이 속은 액체를 비롯해서 침에 녹아 있는 냄새 분자들을 감지하는 화학 수용체로 가득 차 있다. 두 쌍의 미세한 근육은 침을 넣고 빼낸다. 고양이는 때때로 (주로 성적인 정보를 전달하는) 다른 고양이의 향을 감지할 필요가 있는 사회적 상황에서 이 보습코 기관을 사용한다. 그게 언제인지는 일반적으로 판별할 수 있다. 보습코 기관을 사용할 때마다 고양이가 플레

멘 반응이라 불리는 이상한 표정을 짓기 때문이다. 약간 입을 벌린 채 비웃는 표정인데, 윗니가 드러나도록 입술을 들어 올려 입이 벌어지고 혀가 늘어진다. 말과 개도 이와 비슷한 행동을 취한다.

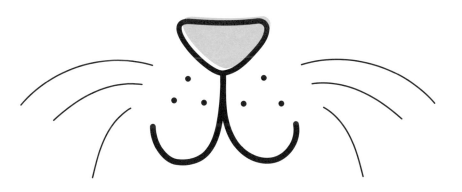

고양이의 미각은 어느 정도일까?

고양이는 상대적으로 미각이 좋지 못하다. 개가 1,700개의 미뢰(미각을 담당하는 기관)를, 인간이 1만 개의 미뢰를 갖고 있는 것에 비해 고양이는 겨우 470개의 미뢰를 가지고 있다. 고양이가 육식성이라는 것은 단맛이 나는 과일 및 채소에는 구미가 당길 이유가 없다는 것을 의미한다. 그 대신 고양이의 감각기관은 혀 유두를 통해 육류의 짜고, 쓰고, 신맛에 집중한다. (단맛 수용체 중 일부인) T1R2 난백실을 암호화하는 유전자들 중 1개가 결핍되는 과정에서 고양이는 단맛을 느끼지 못하게 되었다. 이 돌연변이는 고양이의 진화 초반에 일어났기 때문에 고양이가 포도당, 설탕 및 과당에 대한 본능적인 끌림을 느낄 수 없는 상태로 유지되었던 것이다. 신진대사에는 에너지가 많이 집중되므로, 에너지원을 보존하기 위해 고양이의 체내에서는 설탕을 소화시키는 효소인 수크라아제를 굳이 생성하지 않는다. 고양이들은 설탕을 먹지 않으며, 또한 우리 인간처럼 잡식성 동물이 더 간단한 형태의 당으로 분해하는 녹말 채소를 정말 조금도 먹지 않기 때문이다. 불리한 점은 만약 고양이가 단맛이 나는 물질을 마시기라도 하면 설탕을 분해하는 소화기적 수단도 없는 상태에서 그것이 단맛인 줄 모르니 병이 날 수도 있다는 것이다.

왕립학회에서 발표한 2016년도 한 연구 결과로, 고양이가 먹이의 맛보다는 단백질 대 지질 비율에 더 관심을 보인다는 사실이 밝혀졌다. (그 방법이 완전히 확실하게 밝혀지지 않았지만) 고양이는 이 비율을 감지할 수 있으며, 단백질 70% 대 지질 30%의 균형을 선호하여 이에 맞춰 체내에 부족한 부분을 조절할 수도 있다. 연구진은 장기적으로 보면 고양이에게 풍미보다는 영양 균형이 더 중요하며, 고양이는 적극적으로 신체적 요구에 부응하는 먹이를 먹는다는 잠정적인 결론을 내렸다. 고양이의 이러한 감지 능력은 맛에 너무 현혹된 나머지 건강하게 먹어야 함을 알면서도, 그만큼 건강하게 먹는 것이 거의 불가능함을 깨달은 사람들에게 매우 유용할 것이다.

고양이의 청력은 얼마나 좋을까?

고양이의 (시력과 더불어) 다른 슈퍼 파워는 바로 청력이다. 고양이는 거의 모든 포유동물보다 더 넓은 영역대의 주파수를 감지할 수 있을 뿐만 아니라 독립적으로 회전하는 이개, 즉 귓바퀴 덕분에 어떤 소리가 어디서 들려오는지 정확하게 감지할 수 있다.*

고양이는 인간이 듣는 것보다 훨씬 고음역의 소리를 들을 수 있다. 인간이 들을 수 있는 최고 음높이가 2만 Hz(헤르츠)인 반면 고양이가 들을 수 있는 최고 음높이는 6만 4,000Hz이므로, 약 두 옥타브 더 높은 셈이다. 이런 능력은 고양이가 제일 좋아하는 작은 간식이나 놀잇감인 생쥐들의 위치를 찾

---

*   고양이보다 더 뛰어난 청력 범위를 가진 포유동물에는 쇠돌고래과 동물, 페럿, 그리고 이상하게도 소가 포함되어 있다.

는 데 특히 유용하다. 생쥐 및 다른 설치류는 의사소통할 때 고음역의 초음파로 찍찍거리는 소리를 내는데, 고양이는 이 소리를 감지할 뿐만 아니라 심지어는 각기 다른 두 종류의 설치류를 구별해 낸다. 음높이 약 20Hz를 기점으로 우리 인간과 비교하여 고양이는 더 낮은 음역대의 음에 대해서도 민감도가 좋다. 대부분 포유동물의 청력은 전체 범위 중 한 영역에만 집중되지만 고양이는 고막 뒤로 연결된 2개의 구획으로 나뉜, 특별히 큰 공명실을 갖고 있다. 이 공명실은 고양이의 가청 범위를 증가시킨다.

고양이의 이개는 180도로 돌아갈 수 있으며, 사냥하고 기어오르는 데 훌륭한 보조 기구이기도 하다. 이개는 고양이가 소리를 3차원으로 분석하고, 1m 내에서 만들어지는 소리의 음원을 8cm 이내에서 나는 소리와 같은 정확도로 감지할 수 있게 해 준다. 이렇게 하기 위해서 고양이 뇌는 양쪽 귀에서 받은 소리의 미묘한 차이점들을 몇 가지 방식으로 평가한다. 보통 저음역대 소리는 동기화의 차이(음원에서 나오는 음파가 다른 쪽 귀에 부딪히는 것보다 살짝 이르게 한쪽 귀에 부딪힌다)를 이용하여 판단하고, 선명도의 차이(다른 쪽보다 음원으로부터 최대한 멀리 떨어져 있는 쪽 귀에서 소리가 약간 더 작아질 것이다)를 이용하여 고음역대 소리를 감정하는 것이다.

고양이의 촉각은 어떨까?

촉감, 압력, 통증, 그리고 온도는 고양이뿐만 아니라 인간도 가지고 있는 아름다운 체성감각계가 담당한다. 이는 (수용체, 신경 말단 혹은 감각 뉴런이라고도 일컬어지는) 감각기들의 네트워크로서 압력, 열, 통증, 진동, 매끄러움, 가려움, 그 밖에 많은 촉감에 대한 정보를 운반하는 축삭돌기를 거쳐 뇌로 전달되는 약한 전기적 신호를 형성한다(우리의 촉각 수용체와 뇌를 연결하는 이토록 미세한 전선들을 상상해 보라). 손가락을 팔에 대고 기계적 감각수용기(촉각을 위한 감각기)가 약한 전기적 자극을 형성하는데, 이런 자극은 우리 몸속 축삭돌기를 타고 뇌까지 이동한다. 고양이의 체성감각계도 이와 똑같이 작동한다.

　고양이에게 발바닥, 발톱, 그리고 이빨은 특히나 촉각이 발달한 부분이지만 감각털(혹은 코털)보다 더 발달한 곳은 없다. 감각털은 깊숙이 뿌리내리고 있는 변형된 강한 털로서 촉감에 예민한 기계적 감각수용기를 메커니즘으로 한다. 이처럼 극도로 예민한 감각털은 고양이 코 양측에서 군데군데 발견된다. 양쪽 눈 위의 더 작은 영역들, 그리고 가까이에서 살펴보면 고양이 앞다리의 뒤쪽 '손목'에 해당하는 부위에도 나 있다.

고양이는 가까운 곳의 감각 정보를 제공하는 입가에 난 강모를 앞으로 향하게 할 수 있다(25cm보다 가까운 곳에는 초점을 맞추지 못해서 인접한 곳을 잘 보지 못하는 고양이의 눈을 보완해 주는 역할을 한다). 또한 싸우는 동안 강모를 보호하기 위해 뒤쪽으로 넘길 수도 있다. 강모는 상당히 민감하기 때문에 어떤 틈새의 너비가 자신이 기어서 통과할 수 있을 정도인지의 여부를 확인하고, 공기의 움직임과 지나치는 물체들에 대한 상세한 정보를 알려 주기도 한다.

세상에서 제일 긴 감각털

이제까지 측정된 고양이 감각털 중 가장 긴 것은 핀란드의
이세스베시에 사는 메인쿤 종인 미시의 감각털이다. 기네
스북에 따르면, 미시의 감각털 길이는 19cm이다.

고양이의 언어

어째서 고양이는 야옹거릴까?

이상하게도 야옹거림은 인간과의 의사소통을 위해 특화된 음성이며, 다른 고양이들에게 쓰이긴 해도 매우 드물다. 더욱 희한한 점은, 야옹거림은 다른 고양이와 주인 사이에서 각각 완전히 다른 의미를 가질 수도 있다는 점이다. 어떤 고양이의 "밥 주세요"라는 울음은 다른 고양이에게는 "내버려 둬요"라는 울음이 될 수도 있다.

　이런 울음 사용법은 고양이와 주인이 공생하며 둘 사이에서 배고픔, 짜증, 혹은 관심, 쓰다듬기, 또는 문을 열어 두길 바라는 욕구와 같은 감정을 서로 내보이기 위해 발달한다. 고양이와 주인은 둘만의 고유한 언어로 서로를 길들이는 것 같다. 고양이 주인들은 반려묘가 아닌 고양이가 야옹거리는 것을 들었을 때에는 그 울음의 의미를 알기 어렵다는 것을 깨달았다(연구진은 정말 이 야옹거림에 대해 연구 중이다).

1944년에 미국 심리학자 밀드레드 묄크는 고양이의 단어를 연구하여 고양이 대 인간, 그리고 고양이 대 고양이의 각기 다른 의미를 지닌 열여섯 가지 음성 신호를 구별해 냈다. 이 보기 드문 작업은 오늘날 여러 연구에 여전히 널리 인용되며, 많은 생물학자들이 그 범위를 넓혀 왔다. 묄크는 고양이의 신호들을 세 가지 부류, 즉 입을 다물고 웅얼거리는 소리, 입을 벌린 상태에서 시작했다가 점차 다무는 "야옹"의 모음 소리, 그리고 제일 시끄럽고 가장 다급한, 입을 긴장시킨 상태에서 벌리고 내는 소리로 분류했다. 심지어 묄크는 고양이의 신호들을 발음하기 위해 특이한 음성 체계를 제안하기까지 했다. 요청을 의미하는 야옹(meow)은 [mhrn-aʼːou]로 표기한다(한번 따라서 발음해 보자. 정말 일리가 있는 표기법이다*). 음성들의 차이는 울음이 지속되는 시간, 근본적인 음높이(음조)와 울음 도중 음조 변화 여부에 달렸다. 묄크는 고양이가 대개 각기 다른 여섯 유형의 야옹 소리를 낸다고 추측했으며 친근

*   쌍모점(:)은 그 앞에 있는 모음이 장음이라는 뜻이다. 따옴표는 강세를 가리킨다.

감, 자신감, 만족감, 분노, 공포, 그리고 통증이라는 각각의 야옹 소리 덕분에 폭넓은 조합이 가능하다고 보았다.

웅얼거리는 소리: 인사말 혹은 만족감 표현

1. 가르랑거리기	['hrn‒rhn‒'hrn‒rhn]
2. 요청 혹은 반가워하는 '짹짹거리기'	['mhrn'hr'hrn]
3. 부르기	['mhrn]
4. 인정/확인	['mhng]

야옹의 모음 소리: 간청/항의

여기에는 우리에게 익숙한 야옹뿐만 아니라 성적 울음소리가 포함된다.

1. 요청	['mhrn‒a':ou]
2. 애원하듯 요청	['mhrn‒a:ou:]
3. 당황	['maou?]
4. 불평	['mhng‒a:ou]
5. 구애의 울음소리‒부드러운 유형	['mhrn‒a:ou]
6. 화나서 울부짖음	[wa:ou:]

야옹 소리가 아닌 고도로 긴장된 소리: 흥분, 공격성 혹은 스트레스

이 울음소리에는 여러 가지 다양한 버전이 있다.

1. 그르렁대고 화나서 울부짖음

2. 이빨을 드러내며 으르렁대기

3. 구애의 울음소리–강렬한 유형

4. 통증으로 인한 비명

5. 거질을 뜻하는 쉰소리 하악거리는 소리의 일종

6. 침 뱉는 듯한 소리

이 고도로 긴장된 소리는 대부분 따로 부가적인 설명이 필요 없을 정도로 명확하다. 예를 들어, 엄마 고양이는 해서는 안 될 짓을 한 새끼 고양이들을 향해 그르렁대기 마련이다. 보통 하악거림이 화난다는 표시이긴 하지만, 만약 여러분이 어떤 문제 행동을 그만두지 않는다면 고양이의 침 뱉기가 무엇인지 처음 경험하게 될지도 모르겠다.

고양이는 왜 가르랑거릴까?

모든 고양이가 가르랑거리는* 것은 아니지만 왜 그러는지는 도통 이해되지 않는다. 왜냐하면 앞뒤가 맞지 않는 일련의 상황에서, 그러니까 고양이가 만족할 때와 스트레스를 받을 때 모두 가르랑거리는 일이 벌어지기 때문이다. 심지어 가르랑거림이 부러진 뼈가 치유되는 데 도움이 될 수도 있다는 대단히 흥미로운 증거가 있는데, 그것에 대해서는 나중에 다시 알아보겠다.

고양이는 대개 불안할 때, 평온할 때, 아플 때, 출산할 때, 상처 입었을 때, 그리고 먹이가 필요할 때 가르랑거린다. 새

---

* 솔직히 집고양이는 모두 가르랑거리며, 치타도 마찬가지이다. 사실 고양잇과에 속하는 모든 동물이 가르랑거리거나 으르렁거릴 수 있지만, 둘 다 할 수는 없다. 사자와 호랑이는 일종의 짧은 털털거리는 소리를 내는데, 이 소리는 쓸데없이 가르랑거리려고 시도하는 것처럼 들린다. 결과는 실패다.

끼 고양이는 약 생후 일주일부터 젖도 떼지 않은 상태로 가르 랑거리기 시작한다. 이것이 바로 새끼 고양이가 성묘가 될 때까지 계속 가르랑거리면서 맞춰지는, 어미와 새끼 사이의 서로 안심시키는 신호이다.

고양이는 숨을 들이쉬고 내쉴 때 모두 가르랑거리는데, 우리에게는 숨소리가 계속 들리긴 하지만, 들숨과 날숨 사이에 최소한의 공백이 있다. 가르랑거림은 빠르게 연속되는 울림으로 구성된다. 각 울림소리는 성문(성대주름 사이 공간)이 닫혔다가 열리면서 후두 내벽의 성대주름이 급하게 벌어질 때마다 만들어진다. 가르랑거릴 때 울림은 보통 초당 20회에서 최대 40회의 빈도수를 보이며(초당 100회에 달할 수도 있다), 사람이 말할 때처럼 성대주름을 통과하는 공기에 의해서가 아니라 매우 빠르게 수축되고 이완되는 근육에 의해서 조절된다. 이 근육은 아마도 자유롭게 작동하는 신경 진동자(빠른 울림을 생성하는 고양이 뇌 속 기제)에 의해 조절되는 것 같다.

가끔 고양이가 먹이를 원할 때 가르랑거림에 야옹과 비슷한 어조를 덧붙이면 상황은 더욱 복잡해진다. 이때는 적어도 두 가지 종류의 가르랑거림이 존재하는 셈이다. 바로 고양이가 무언가를 요구하지 않는 상태에서 내는 '정상적인' 가르랑거림과 '간청하는' 가르랑거림이다. 그리고 사람들은 이 '간청하는' 가르랑거림이 더 다급하게 들리며, 유쾌하게 들리지 않아 모른 척하기 더 힘들다는 사실을 깨달았다. 아마 고양이가 300~600Hz인 아기의 울음소리 영역과 가까운, 220~520Hz의 가청 영역대에서 어조를 덧붙였기 때문일 것이다. 우리를 조종하는 반려묘의 또 다른 사례인 셈이다.

가르랑거림이 고양이에게 있어서 회복 정도와 골밀도를 향상시킬지도 모른다는 이론이 존재한다. 고양이는 상처에서 회복되는 중이거나 수의사에게 진료를 받는 중일 때, 심지어는 의심할 여지없이 불안한 상태일 때 가르랑거린다. 그리고 한 연구는 특정 진동 주파수가 인간의 부러진 뼈와 그 주변의 근육을 치료하는 데 도움이 된다고 밝혔다. 뼈에 가장 좋은 주파수 영역대는 25~50Hz인데, 이는 고양이의 가장 흔한 가르랑거림이 나타내는 주파수와 비슷하다. 그리고 약 100Hz는 피부 및 연조직 회복에 좋다. 따라서 고양이의 가르랑거림은 물리적인 회복에 도움을 주며, 그게 아니더라도 적어도 뼈와 조직을 건강한 상태로 유지하는 것이 가능하다. 만약 정말 이런 연관성이 있다면, 가르랑거리는 고양이는 살짝 더 건강한 고양이일 가능성이 크다.

세상에서 가장 시끄러운 가르랑거림

2015년, 영국 데본의 토키 지역에서 구조된 멀린은 가르랑거림이 거의 식기세척기만큼 요란한 67.8dB(데시벨)에 달하는 것으로 기록되었다.

몸짓 언어: 고양이는 우리에게 무슨 말을 하고 있는 걸까?

꼬리 언어

꼬리는 고양이의 가장 정확한 소통 수단 중 하나이다. 다만 우리가 찾고 있는 것이 무엇인지 알아야 정확하게 소통할 수 있다. 고양이를 키우지 않는 사람들이 공통적으로 저지르는 실수 한 가지는 좌우로 흔들리는 고양이 꼬리가 행복감을 뜻한다고 생각하는 것이다. 일반적으로는 그 반대를 뜻하는데도 말이다. 만약 녀석이 꼬리를 천천히 탁탁 친다면 짜증이 난다는 신호이며, 간혹 날카로운 발톱을 세운 발바닥을 휘갈기기 일보 직전이라는 표시일 수 있다. 저리 가라고 녀석이 우리에게 경고하고 있는 것이다. 그러면 우리는 눈치껏 그 충고를 받아들여야 한다. 마찬가지로 털이 곤두서서 완전히 부푼 꼬리는 명백한 공격성의 표시이다.

반면, 어떤 고양이가 꼬리를 치켜세우고 공중에서 힘을 뺀 상태로 다가온다면, 그때는 녀석이 우리에게 호감을 느끼고 있는 것이 분명하다. 녀석이 호감을 표시하려는 것인지 아니면 그냥 호감을 느껴서 꼬리를 위로 향하고 있는 것인지 우리는 도통 알 수 없지만 말이다. 이런 행동 다음에는 종종 자신의 머리를 우리 다리에 비비는 행동이 뒤따른다.

눈

만약 고양이가 특별히 눈꺼풀을 반쯤 감은 상태로 천천히 눈을 깜박인다면, 녀석은 안락함을 느끼고 있는 것이다(화답으로 천천히 눈을 깜박여 주는 것은 캣 위스퍼러의 고전적인 수법이다). 만약 녀석이 눈을 깜박이지 않고 있다면, 동공을 가까이 들여다보자. 동공이 커져 있다면, 아마 녀석은 흥분한 상태이거나 겁먹은 상태일지도 모른다.

핥기

우리 집 고양이는 거의 매일 아침마다 쓰다듬어 달라고 요구하며 나를 핥아서 깨운다. 핥기가 통하지 않는다면, 녀석은 발톱을 반쯤 꺼내서 발바닥으로 치며 내게 가벼운 발톱 자국을 남길 것이다. 많은 고양이가 제 주인을 핥기 마련이고 이런 행동은 서로를 핥아 주는 알로그루밍을 연상케 할지도 모르겠다. 알로그루밍(상호 털 손질)은 엄마 고양이와 새끼 고양이 사이 또는 친한 고양이들끼리 의외로 긴 시간 동안 지속될 수 있다. 다만, 이 행동에 호감과 관심을 요구하는 것 이상의 중요한 의미는 아직 정립되지 않은 상태이다.

번팅(bunting)

고양이는 주인이 자신만을 오붓하게 쓰다듬어 주는 시간을 갖기 위해, 혹은 기대되는 먹이 시간을 앞두고서 우리의 관심을 끌기 위해 강하게 머리 박치기를 하거나 냄새로 우리에게 영역 표시를 한다. 대개 이 머리 박치기는 번팅으로 알려져 있으며 호감을 분명하게 보여 주는 몸짓이다.

왜 하필 머리 박치기일까? 고양이는 입 주변의 양쪽 뺨에 각각 꼬리를 따라서 그리고 꼬리 둘레에, 결정적으로 눈과 귀 사이 이마에 취선을 갖고 있는데, 고양이들이 항상 우리에게 박치기할 때마다 갖다 대는 곳이 바로 머리의 이 부분이다. 우리가 이 부분을 어루만져 주었을 때 고양이가 제일 좋아한다는 점은 아마도 우연이 아닐 것이다. 이런 접촉은 호감을 드러내는 것뿐만 아니라, 냄새로 영역 표시를 하는 데에도 사용된다. 우리가 이 냄새를 맡을 능력은 없지만, 반려묘에게 이 냄새는 중요하다. 고양이가 번팅을 할 때 흔히 귀는 긴장이 풀려 있고, 걸음걸이가 느리고 평온하며, 눈꺼풀은 반쯤 감겨 있는 상태이다.

얼굴에 항문 들이밀기

내가 만나 본 고양이는 모두 내 얼굴에 항문을 갖다 대는 것을 무척이나 즐겼다. 우리 집 고양이의 항문을 본 횟수가 내 것을 보았던 횟수보다 수백 배는 더 많을 것이 분명하다. 사실 나는 내 것을 본 적은 없는 것 같다. 여러분은 본 적이 있는가? 어쨌든 나는 항문 보여 주기가 어떤 의미의 몸짓인지 항상 궁금했다. 아마도 업신여김? 권력? 삶의 온전한 기쁨? 생물학자들이 이 주제에 대해서 언급한 내용은 거의 없다. 다만 우리를 신뢰하는 상황에서만 등을 돌릴 거라고 생각한다.

고양이들은
서로 어떻게 대화할까?

고양잇과 동물은 주로 단독 생활을 하지만 예외인 경우도 있다. 사자는 수컷과 암컷으로 이루어진 고기능의 거대한 집단을 유지할 수 있으며, 야생 고양이는 거대한 무리 속에서 함께 살아간다. 또한 한배에서 나온 새끼 고양이들은 보통 서로에게 관대하며 아주 잘 지낸다. 친족이 아닌 고양이들이 어린 시기에* 서로 접하게 되면 가끔 어울려 함께 살기도 하며, 도시 고양이조차 서로 완전히 피해 다니기 어려운 실정을 파악하고는 서로 잘 지내고 싸움을 피하기 위한 의사소통 방법을 개발해야 했다.

고양이들은 서로 거의 말을 하지 않는다. 앞서 언급했듯,

---

* 우리 집에 새로 들인 새끼 고양이는 함께 지낼 집단에 잘 융화되었는데, 의외로 친절한 열 살 난 얼룩고양이 내 사랑 톰과는 어울리는 데 완전히 실패했다.

야옹은 인간과 의사소통하기 위해 거의 예외적으로 마련된 음성인 셈이다. 또한 하울링 혹은 울부짖기는 대치하고 싸울 때만 쓰이는데, 쓰일 일이 거의 일어나지 않는다. 그 대신 꼬리로 표현하기, 비벼 대기, 냄새 주고받기, 그리고 특히나 알로그루밍, 즉 꽤 긴 시간 동안 지속되는 상호 털 손질이라는 복잡한 체계와 함께 고양이들끼리 사용하는 몸짓 언어 신호 중 상당 부분을 인간에게도 동일하게 사용한다.

꼬리

만약 고양이들이 서로에게 접근해서 기분이 좋다면 긴장이 풀린 상태로 꼬리를 꼿꼿이 공중에 세운다. 이 상황에서 우연히 그런 동작이 나온 것인지 혹은 의사소통을 위해 의도적으로 화기애애한 몸짓을 취한 것인지 불명확하긴 하지만 말이다. 반면, 고양이의 꼬리가 세워진 상태에서 양쪽 측면으로 휙휙 움직이면서 털이 곤두선다면, 이것은 두려움 혹은 공격성의 표시이며 일반적으로 화가 나 있다는 다른 신호들이 뒤따른다.

눈

상대와 함께 있는 것에 관대한, 기분이 좋은 고양이들은 눈꺼풀이 반쯤 감긴 상태에서 천천히 눈을 깜박일 것이다. 고양이는 다른 고양이의 동공이 커졌는지를 잘 알아채는데, 커진 동공은 흥분 혹은 두려움을 나타내기도 한다. 오랫동안 노려보는 행동은 공격의 전조 증상일 수도 있다.

귀

고양이 귀는 20개가 넘는 근육으로 조절되며 180도 회전할 수도 있다. 두 귀가 위를 향한 상태로 앞을 향하면, 고양이가 기분이 좋고 놀 준비가 되었음을 나타내는 것일 수 있다. 고양이가 네 다리로 서 있는 상태에서 뒤쪽으로 귀를 구부리면 공격의 표시일 가능성이 높다. 방어할 때 고양이는 귀를 납작하게 젖히고 양옆을 가리키거나 뒤로 향한다. 이런 행동은 같이 놀자는 제안일 수도 있다.

비벼 대기

고양이는 사람에게 대하는 것과 똑같은 방식으로 다른 고양이들에게 헌팅을 하는 것 같지는 않다. 하지만 두 고양이가 만나서 기분이 좋다면 서로 몸을 비벼 댈 것이며, 이는 서로 냄새를 주고받는 것을 용인한 셈이다. 야생 고양이는 무리 속에서 이 신호를 사용한다. 친근감을 불러일으키기 위해 이런 행동을 하는 것인지 아니면 친근감 자체가 이런 결과로 이어지는 것인지는 불명확하다.

알로그루밍

친근함을 느끼는 고양이들이 만나면 흔히 서로 털 손질을 해 준다. 이런 습관은 과거에 엄마 고양이에게서 털 손질을 받았을 때 느꼈던 유대 경험과 관련이 있을지도 모른다. 두 고양이는 지나치리만큼 꼼꼼하게 서로 털을 핥아 주면서 그와 동시에 냄새를 주고받으며, 결과적으로 물리적 충돌을 감소시키려는 듯 보인다. 냄새를 나누는 고양이 집단은 유대감을 강화시키는, 무리를 형성한 공동체의 냄새를 생성하는 것을 도울 것이다. 희한하게도 털 손질을 가장 많이 해 주는 입장의 고양이가 대개는 더 서열이 높은 가장 공격적인 고양이다.

털

고양이 털의 밑부분에 있는 모낭은 털들을 똑바로 서게 만드는 데 쓰이기도 한다. 고양이가 겁에 질리면 아드레날린이 자동적으로 분비되어 털이 곤두선다. 아드레날린은 원래 털을 곤두서게 하는 효과를 불러일으키는 물질이다. 털이 곤두서면 고양이가 몸집이 크고 위협적으로 보인다(고양이가 이렇게 되는 줄 알고 있다거나 이런 상태에 도달하기를 바라는지는 명확하지 않지만 말이다). 그러니까 고양이가 공격성과 방어성을 동시에 취할 때는 아드레날린이 쓰이는 셈이다.

전신 구부리기

털이 호저의 가시털처럼 곤두서는 현상이 나타나는 전신 구부리기는 명백히 공격성의 표출이다. 나의 반려묘는 개가 자신을 지나쳐 걸어가면 틀림없이 즉각적으로 이렇게 흥분할 것이다. 그리고 일단 시야에서 사라지고 나면 기분이 좋지 않아 입술을 일그러뜨린다. 여러분은 어떠한지 잘 모르겠지만 내게는 고양이의 이런 모습이 언제나 까무러칠 만큼 무섭다. 곤두선 털만 아니면 아치형으로 구부린 등은 때때로 "쓰다듬어 주세요"라는, 인간을 향한 일종의 신호일 수도 있다.

벌렁 드러눕기

기발한 과학 잡지 〈있을 것 같지 않은 연구 회보(Annals of Improbable Research)〉는 '집고양이와 수동적인 굴복'이라는 제목의 1994년도 연구를 찾아냈다. 힐러리 앤 펠드만이라는 사람이 6개월 동안 175마리의 반야생 고양이들이 드러눕는 모습을 관찰했는데, 그중 138마리에게 그 신호를 받을 '명백한 수취인'이 있었다는 데 주목했다.

일반적으로 암고양이는 짝짓기 기간 중에 벌렁 드러누웠다. 하지만 수고양이는 '복종의 행동 양식으로서' 그렇게 행동했다. 다른 한편으로는, 고양이는 격렬한 공격에 맞서기 위해 등을 대고 벌러덩 눕는다. 발톱을 완전히 노출시킨 채 힘센 뒷다리로 공격적인 한 방을 찰 준비를 하고 있는 것이다. 다행히도 공격할 일은 거의 생기지 않지만, 이와 같은 싸움은 보기에 끔찍하며 결과적으로 고양이들에게 심각한 상처를 입힐 수도 있다.

7장

고양이 그리고 인간

우리는 왜 페럿 말고
고양이를 사랑할까?

고양이는 고집이 세고, 고고하고, 변덕이 들끓고, 요구 사항
이 많으며, 계단 위에 토하고, 벼룩과 죽은 동물들을 집 안으
로 가져오더니 툭하면 자취를 감추기 일쑤이다. 고양이는 훈
련시키기 힘들기로 유명하며, 훈련시킬 수 있다 해도 고양이
가 우리에게 도움이 되는 행동을 하도록 만드는 것은 어렵다.
반면 페럿은 지능적이고, 장난기 있고, 도움을 주며, 적응력이
좋다. 그리고 결정적으로 페럿은 설치류뿐만 아니라 전 세계
농부들의 골칫거리인 토끼를 사냥하도록 훈련시킬 수도 있다.
그 사실 하나만 보아도 페럿을 반려동물 순위에서 고양이보다
우위에 둬야 한다. 또한 페럿은 잠이 많고, 배변 상자를 사용할
수 있으며, 인간과 함께 있는 것을 즐긴다. 게다가 페럿들의
무리를 지칭하는 단어는 '비즈니스'이다. 사랑스럽지 않을 수

없다!

아프리카 들고양이들은 인간이 농경을 시작한 후 가장 먼저 사람들의 가정집에서 환영받았을 것이다. 곡물 창고에 모여드는 작고 맛 좋은 설치류를 손쉽게 잡을 수 있기 때문이다. 힘겹게 일궈 낸 농사인데, 생쥐들이 꼬여 농사지은 곡식을 몽땅 먹어 치우는 것을 우리 선조들은 원치 않았던 것이나. 하지만 (우리가 곡물 창고를 갖고 있다면 이야기가 다르다) 이제 고양이의 사냥 기술이 상대적으로 쓸모가 없어진 상황에서, 고양이들은 왜 여전히 인간의 집 주변을 서성이고 있는 걸까?

부분적인 이유이긴 하지만, 페럿은 달아나는 것을 좋아하기도 해서 케이지에 두어야 하며 밖에 풀어 둘 때에는 지속적인 감시가 필요하다. 또한 걸핏하면 물건들을 슬쩍 가져가서 숨겨 둘 뿐만 아니라, 입에 들어가겠다 싶은 것은 무엇이든 무지막지하게 먹어 치운다. 페럿은 갖가지 건강 문제에 취약하기도 해서 병원비가 아주 많이 든다. 농사를 업으로 하지 않는 이상 (혹은 토끼가 그야말로 너무 싫은 게 아니라면) 실제로 페럿은 고양이보다 더 나을 게 없다.

고양이를 주목받게 한 진화적 수완은 쥐를 잡는 능력이라기보다는 우리 인간을 포용하는 능력, 그리고 귀엽게 보이는 능력이다. 고양이에게는 한 가지 큰 장점이 있는데, 그것은 다른 무엇보다도 인간의 심리와 관련이 있다. 페럿보다는 의인화되기 훨씬 더 쉽다는 점이다. 고양이의 안면 구조는 어린아이와 놀랍도록 비슷하다. 둘 다 넓적한 얼굴에 높은 이마, 작은 코와 정면을 향하는 커다란 눈을 갖고 있다. 이런 특징 때문에 우리가 고양이를 이해할 수 있으리라고 (언제나 잘못) 생각한다. 고양이가 다른 반려동물들보다 비교적 돌보기 수

전설의 고양이들

타라우드 안티고네

고양이에 관한 세계 기록은 약간의 허풍을 감안해서 받아들여야 한다. 1970년 8월에 타라우드 안티고네라는 이름의 버미즈 고양이는 영국 옥스퍼드셔에서 19마리의 새끼 고양이를 낳았는데, 그중 15마리가 살아남았으며, 14마리는 수컷이고 1마리는 암컷이라 전해진다.

월하며 온종일 집에 혼자 남아 있을 정도로 독립적이라는 사실을 이 고정관념과 결부시켜 생각해 보면, 한마디로 고양이를 키우는 사람들은 현대 도시인들을 잘 감싸 주면서 우리의 강한 양육 욕구를 충족시켜 주고, 우리가 존재의 무의미함에 빠지지 않도록 하는 반려동물을 가졌다는 뜻이기도 하다.

고양이는
우리 건강에 도움이 될까?

반려묘는 우리 건강에 이롭다. 그렇지 않은가? 모두가 그렇다고 답할 만큼, 너무나도 당연한 결과이다. 우리는 다른 생명체를 돌봄으로써 긴장을 유지하고, 반려동물과의 관계를 통해 행복감을 느낀다. 그토록 복슬복슬한 귀여움에 무슨 문제가 있을 수 있을까? 음…, 좋은 소식과 나쁜 소식이 있다.

좋은 소식

그렇다, 고양이를 키우는 것 자체가 곧 좋은 건강 상태임을 보여 주는 연구 결과가 있다. 좋은 건강 상태란 모든 심혈관 질환으로 인한 사망 위험이 줄어들고 심장 마비 생존율이 높아지는 것도 포함한다. 또 다른 조사에서는 반려동물과 함께 잠을 자면 휴식 측면에서 이로울 수 있다는 결론을 내렸다

(하지만 조사 대상자의 상당수가 반려묘 때문에 잠을 방해받는다는 사실도 알 수 있었다). 그리고 반려동물과 함께 자란 아이들은 천식에 덜 걸린다는 결과를 보여 주는 연구도 있다. 스웨덴의 한 연구는 심장 질환을 앓는 사람들에 주목했으며, 개를 키우는 사람들은 그렇지 않은 사람들보다 나은 예후를 보인다는 점을 밝혀냈다. 한편, 호주의 한 연구는 가정에서 고양이나 개와 함께 생활하는 아이들이 그렇지 않은 아이들보다 위장염 증상을 보일 가능성이 30% 줄어든다는 사실을 알아냈다.

그 외에 다른 설문 조사들도 있다. 한 설문 조사에 따르면, 응답자의 87%가 고양이를 키우는 것이 삶의 질에 긍정적인 영향을 준다고 느꼈으며, 응답자의 76%는 반려묘와 함께하는 것이 일상생활을 더 잘 영위하는 데 도움이 된다고 생각했다. 또 다른 설문 조사는 고양이를 키우는 것이 우리의 매력도에 어느 정도 긍정적인 영향을 주며, 반려묘가 있는 여성은 1.8% 더 매력적으로, 남성은 3.4% 더 매력적으로 인식되었다고 밝혔다(한편, 강아지를 키우는 남성은 13.4% 더 매력적으로 인식되었다). 하지만 조심하자. 설문 조사란 누군가의 의견을 묻는 것이기 때문에 과학적인 연구에서는 매우 신뢰도가 떨어진다고 여겨지므로 신중하게 받아들일 필요가 있다. 과학자들은 의견을 배제하고 증거에 집중하기 위한 기발한 연구 방법을 고안해 내는 것을 더 좋아한다. 더욱이 설문 조사는 가끔 중대한 연구처럼 보이기 위해 단순히 구색 갖추기용으로 동료들의 평가를 받기도 한다. 그러니 설문 조사는 주의해서 다루어야 한다.

나쁜 소식

좋은 소식과 반대로, 다수의 학술적 연구들이 반려동물을 키우는 것이 건강에 미치는 영향은 없으며, 오히려 부정적인 영향과 관련될 수 있음을 보여 준다. 이런 점을 알리게 되어 안타깝다. 캔버라에 있는 호주국립대학에서 실시한 2005년도 한 연구 결과에 따르면, 반려동물과 함께 생활하는 60~64세 성인들은 우울해지고, 정신 건강이 좋지 못하며, 더 높은 정신병 성향에 시달리고, 자주 진통제 처방을 받고 있으며, 또한 반려동물을 키우지 않는 사람들보다 체형이 나쁠 가능성이 더 높다고 보고되었다. 또 다른 호주 연구는 반려동물을 키우는 것이 노인층의 신체적 혹은 정신적 건강에 아무런 영향력이 없음을 보여 주었다. 핀란드 연구진은 반려동물과 함께하는 삶이 높은 체질량지수(BMI), 고혈압, 신장 질환, 관절염, 좌골신경통, 편두통, 그리고 공황장애뿐만 아니라, 더 나쁘게 인식되는 건강 상태와 관련이 있음을 밝혀냈다. 벨파스트퀸스 대학교에서 실시한 연구는 만성피로증후군(CFS)을 앓는 반려동물 소유자들에게 반려동물이 정신적으로 그리고 신체적으로 많은 혜택을 준다고 확신한다. 그러나 사실 반려동물이 없는 만성피로증후군 환자들만큼 피곤하고, 우울하고, 또 불안해하기는 마찬가지이다.

그렇기는 해도, 어째서 이런 사례들은 거의 듣지 못하는 걸까? 부분적인 이유로는 고양이가 우리에게 좋은 영향만을 준다고 여기고 싶어 하기 때문이며 (어쨌든 우리가 고양이를 사랑하니까), 그뿐만 아니라 긍정적 결과에 대한 출판 편향 때문이기도 하다. 과학에서는 거짓으로 증명된 이론이 참으로 증명된 이론만큼이나 가치 있음을 강조한다는 사실에도, 긍정적인 연구 결과가 부정적인 연구 결과보다 출판될 (그리고 다른 논문에 인용될) 가능성이 훨씬 더 높다. 또 다른 요인은 과학 저널리즘의 유행이다. 나는 '고양이 기르기가 당신에게 좋은 열 가지 과학적 이유'와 같은 제목이 달린 수많은 기사들의 출처를 추적하느라 고군분투하며 울적한 2주를 보냈다. 그리고 그 '과학적 이유'의 3분의 1 이하만이 어느 학문적 연구에 속해 있음을 알게 되었다. 나머지 이유들은 앵무새처럼 반복되는 의견, 추정, 그리고 심지어는 명백한 거짓들이 사실

전설의 고양이들

타라

유튜브에서 고양이 영상을 보다 보면 많은 시간을 허비할 수도 있다. 하지만 이 영상은 굵고 짧다. 2015년, CCTV에 고양이 타라가 주인의 네 살 난 아들을 이웃집 개가 끔찍한 공격으로부터 구해 내는 장면이 포착되었다. 영상 속에서 타라는 개가 아이의 다리를 물어뜯는 순간 소년을 구하기 위해 쏜살같이 달려가 개를 공격하여 멀리 내쫓았다. 타라는 눈 깜짝할 새 영웅이자 유명한 고양이가 되었다. 반면 개는 위험성이 입증되어 그 즉시 안락사되었다. 궁금하다면 유튜브에 'My Cat Saved My Son'을 검색해 보길 바란다.

로 유포된 것들이었다. 자폐증이 있는 아이들에게 도움이 되는 고양이의 능력과 같은 수많은 주장들은 사실로 입증되지 않았는데, 이 경우는 그 연구가 개에 한정된 내용이기 때문이다. 물론, 누군가의 열렬한 털북숭이에 대한 사랑에 찬물을 끼얹고 싶지는 않다. 이루 말할 수 없이 나는 반려묘를 사랑하지만 우리, 이제 사실에 충실하는 것이 어떨까?

고양이는 우리 건강에
안 좋은 걸까?

인수공통전염병에 대해 이야기해 보자. 이 전염병은 동물로부터 인간에게 퍼질 수 있다. 광견병, 에볼라출혈열, 사스(중증급성호흡기증후군) 그리고 신종 코로나바이러스 감염증 모두 인수공통전염병이며, 톡소플라스마증도 마찬가지이다. 이는 집고양이의 30~40%에서 발견되는 원생 기생충에 의해 유발되며, 고양이 분변과 접촉한 인간을 감염시킬 수도 있다.

톡소플라스마증의 제일 이상한 점은 인간을 포함하여 동물들을 보다 난폭하게 만들 수도 있다는 점이다. 제네바 대학교의 연구팀은 기생성 톡소플라스마원충이 설치류를 감염시키면 그 설치류가 더 대담해진다는 사실을 알아냈다. 고양이를 확연히 덜 무서워하고 전반적으로 덜 두려워하게 된 것이다(쥐를 사냥하고 싶은 고양이들에게는 잘된 일이나, 살고 싶은 쥐에게는 그리 잘된 일이 아니다). 톡소플라스마원충은 쥐가 고양이의 소변 냄새에 끌리게 만들기도 했다. 진화생물학자인 야로슬라프 플레그르는 톡소플라스마증이 인간 행동에 미치는 영향에 대한 연구를 오랜 세월 동안 꾸준히 이어나갔다. 그리고 이것에 감염된 사람들이 규칙을 무시하고, 의심이나 질투가 지나치게 많아지며, 또한 반응 속도가 확연히 느려질 가능성이 더 높아진다는 사실을 알아냈다. 또한 그는 체코에서 길에서 다친 운전자와 보행자를 연구하면서, 이들이 톡소포자충에 감염되었을 가능성이 2배 이상임을 밝혀냈다.

톡소플라스마증에 걸린다고 꼭 특별한 증상이 나타나는 것은 아니다. 세계 인구의 약 절반 정도가 이미 감염되었을지도 모르는데, 대다수는 이 질환으로 인한 징후를 전혀 보이지 않는다. 하지만 소수의 사람들이 징후를 보인다. 이들은 독감 같은 증상, 발작, 그리고 눈 관련 질환으로 고생하다가 결국 큰 병에 걸리게 된다. 이 질환은 면역 체계가 저하된 사람들에게 특별히 위험하며, 급성 톡소플라스마증에 걸린 임산부는 아이를 감염시킬 수도 있다. 애묘인들을 위한 희소식은 톡소포자충의 낭종(휴면 미생물)이 함유된 고기를 덜 익혀 먹는 것보다 고양이 때문에 감염될 가능성이 더 낮다는 것이다. 그렇지만 임산부는 감염될 경우를 대비해서 되도록 고양이의 배변용 모래는 만지지 말아야 한다.

희한하게도 톡소플라스마원충에 의해 생기는 낭종은 감염된 쥐의 뇌중에 시각적 정보를 처리하는 영역에서 특별히 고농도로 발견되며, 뇌 도처에서 신경 조직에 염증을 일으킨다. 신경염증이 어떻게 다양한 행동 특성을 달라지게 하는지 검토하기 위해 더 많은 연구가 이루어질 계획이다. 다만, 톡소플라스마원충은 고양이에 이익이 되도록 공진화해 온 듯하다. 고양이 분변 속 기생충은 쥐를 감염시켜서 쥐의 시력에 문제를 일으킨다. 즉, 쥐를 고양이에게 잡히기 쉬운 상태로 만드는 것이다. 기발하다.

덧붙이자면, 고양이는 아이들에게 습진을 유발할 수도 있으며, 물론 사람을 물기도 한다. 미국에서만 매년 약 40만 건의 고양이 물림 사고가 일어난다는 조사 결과도 있다. 이렇게 물린 상처는 대부분 동물파스퇴렐라증 병원균에 의해 세균감염이 되며, 이 감염증은 물린 뒤 약 12시간 후에 증상이 나타난다.

고양이와 우울증 사이에 연관성도 있다. 미시간 대학교 의과대학의 데이비드 A. 하나워 교수는 전체 연구 그룹의 9%와 비교했을 때, 고양이에게 물린 환자들 중 41%가 우울증에 시달렸다는 점을 발견했다. 그리고 바르토넬라 헨셀라 박테리아에 의해 발병되는 절묘한 이름의 묘소병(cat scratch disease, CSD), 브라질구충(고양이의 구충)에 의해 발병되는 유충피부이행증도 있다. 다시 한번 당부하지만, 고양이 분변은 피하는 게 상책이다.

고양이를 키우는 데는
얼마나 들까?

동물 보호소 '배터시독스앤캣츠홈'은 영국에서 고양이를 기르는 데 일반적으로 연간 약 156만 원(1,000파운드), 즉 고양이의 18년 일생 동안 약 2,808만 원(18,000파운드)이 드는 것으로 추정한다(고양이 평균 수명을 매우 낙관적으로 본 경우이다). 미국동물학대방지협회(ASPCA)는 이 비용을 연간 겨우 약 83만 원(634달러), 18년 동안 약 1,505만 원(1만 1,412달러)로 추성하는데(이 추정 금액들은 반려묘를 사는 데 드는 비용을 뺀 수치이다), 어마어마한 금액이긴 해도 평균적으로 개보다 고양이가 비용이 덜 든다. '도그피플(The Dog People)'에 따르면, 개의 부양 비용은 영국에서 연간 약 69만~252만 원(445~1,620파운드), 미국에서는 약 85만~278만 원(650~2,115달러)이다. 평균적으로 13년 동안 반려견을 부양하는 데 드는 총 비용은 영국에서 약 903만~3,288만 원(5,785~2만 1,060파운드), 미국에서는 약 1,114만~3,626만 원(8,450~2만 7,495달러)이다(다시 한번 말하지만, 반려견 구입 비용이 반영되기 전의 수치이다).

　물론, 우리가 얼마를 쓰고 싶은가에 따라서 실제 비용은 달라진다. 반려묘를 데려오는 데에 기부금 명목으로 약 11만 원(70파운드) 정도를 썼던 우리 집 고양이와 같은 구조묘에 비하면, 품종묘는 구입하는 데에 최대 약 156만 원(1,000파운드)은 거뜬히 들고, 여기에 고가의 반려동물 보험비와 미용 비용이 붙는다. 지출 항목 중 사료 값이 제일 많이 드는 편인데, 우리가 구매하는 브랜드와 고양이의 요구 사항들에 따라 (특정 영양 요구량을 지켜야 하는 고양이는 더 비싼 사료가 필요할 테니까) 매년 약 25만 원(160파운드)에서 약 312만 원(2,000파운드)까지 비용 차이가 크다. 또 한 가지 중요한 지출 항목은 반려동물의 돌봄이다. 우리가 외출 중일 때 누가 우리의 털북숭이를 돌봐 주겠는가? 영국에서는 전문 펫시터와 고양이 호텔에 맡길 경우, 매년 추가적으로 약 156만 원(1,000파운드)은 거뜬히 들 수 있다. 운 좋게 순전히 애묘인의 마음으로 우리를 도와줄 이웃이 있을 수도 있지만 말이다.

다른 지출 항목으로는, 정기적으로 나가는 예방 접종 및 건강 검진 비용, 마이크로칩 장착 및 고양이 문 설치 비용, 그리고 밥그릇과 배변용 모래, 장난감과 동물병원에 갈 때 필요한 고양이 이동장 등 생활용품비가 있다. 덧붙여 반려묘에 대한 보험을 꼭 들어야 한다. 내 사랑 톰 게이츠의 대한 보험이

전설의 고양이들

톰마소

이 검은 고양이는 주인에게서 약 171억 원(1,300만 달러)을 물려받았는데, 그 주인은 바로 이탈리아 부동산 업계의 큰 손 마리아 아순타였다. 그녀는 가까운 친척 하나 없이 94세의 나이로 세상을 떠났다. 아순타는 길 잃은 고양이로 그녀의 집에 들어왔던 톰마소에게, 혹은 녀석을 돌봐 줄 동물 복지 자선 단체에게 재산을 물려줄 것을 명시했다. 하지만 아순타의 마음에 드는 자선 단체를 찾을 수 없었다. 그래서 아순타가 죽은 후, 아순타의 간호사가 톰마소를 대신하여 그 돈을 맡고 있다.

소멸되었는지 모르고 있다가 톰이 세상을 떠나기 전 마지막 일 년 동안 의료비로 약 468만 원(3,000파운드)이라는 감당하기 힘든 비용을 치러야 했다. 영국에서 고양이 보험은 일 년에 약 5만~47만 원(35~300파운드)이 들고, 미국에서는 정책과 사는 지역에 따라 (대도시에서는 더 비싸다) 약 39만~119만 원(300~900달러)이 든다. 다만 더 나이가 많은 고양이에 대해서는 보험비가 급등한다. 많은 회사들이 여덟 혹은 열 살이 넘은 고양이에 대해서는 아예 보험을 들지 못하게 할 것이다.

고양이는 왜 우리에게
죽은 동물을 가져오는 걸까?

대부분의 집고양이는 주인이 주는 먹이를 먹고 산다. 이제껏 본 적 없는 귀엽고 앙증맞은 새끼 고양이들 사진이 붙은 포장지에서 꺼낸, 영양가 높고 맛까지 좋은 끼니가 끝없이 제공되는 것이다. 우리 귀염둥이 새끼 고양이는 이에 대한 보답으로 내장을 반쯤 파헤쳐 놓은 설치류를 계단 위에 놓아두는 걸까?

이에 대한 일반적인 답은 다음과 같다.

a. 반려묘가 우리를 사냥 실력이 형편없는 육중하고 게으른 아기 고양이로 인식하고, 자신이 먹이를 먹여 주어야 한다고 생각하기 때문이다.

b. 반려묘가 우리에게 사냥을 가르치려고 노력 중이기 때문이다.

c. 반려묘가 우리에게 제 사냥 실력을 인정받고 싶기 때문이다.

d. 선물이다. 배은망덕하게 굴지 말고 고맙다고 말하자.

근거가 매우 적긴 하지만, 이 중 몇 가지는 사실이다. 제일 그럴듯한 답은 우리가 녀석에게 수의사가 검증한 고가의 오리고기 제품을 먹였든 아니든 간에, 반려묘는 사냥과 살생을 한 수밖에 없는 자연적 포식자라는 점이다. 엄마 고양이는 새끼 고양이들에게 먹일 죽은 생쥐를 자주 가져오기는 하지만, 반려묘가 우리를 자신의 새끼 고양이처럼 여긴다는 근거는 없다. 녀석은 아마 사냥 충동의 일환으로 포획물을 집으로 가져오는 것 같은데, 집으로 돌아오는 동안 진화적 명령이 차츰 약해져서 굳이 그 포획물을 먹을 생각은 하지 못한다. 주의가 산만해지면, (아마도 우리가 나타나서 그럴 것이다) 포획물을 아무렇게나 떨어뜨린다. 이것이 마치 반려묘가 우리에게 선물을 주고 있는 것처럼 보일지 모르겠다. 그렇게 보이는 이유는 녀석들이 우리를 사랑하고 있다는 증거를 우리가 너무나 절실하게 바라기 때문이다. 쓰라린 진실은 모른 척하게 되는 법이다.

우리 집 고양이를 목줄로
데리고 나갈 수 있을까?

산책할 때 반려묘를 데리고 나가고 싶다면 다양한 목줄과 벨트를 사용할 수 있다. 몇몇 동물 훈련사는 이같이 장려하기도 하지만, 왕립동물학대방지협회(RSPCA)는 목줄과 벨트 사용을 매우 부적절한 것으로 본다. 고양이는 매우 영역에 민감한 동물이어서 새롭고 변화된 환경을 만나면 스트레스를 받는다는 것이다. 하지만 모든 고양이에게 목줄을 금지하는 것은 아니다. 왕립농물학대방지협회의 반려동물부서 대표인 사만다 게인즈 박사는 "우리가 바라는 것은 고양이 주인이 모든 고양이가 개별적인 개체라는 사실을 고려해달라는 것"이라 말한다. 또한 "어떤 고양이에게는 목줄로 산책하는 것이 성미에 맞을지도 모르지만, 우리가 단순히 고양이를 개와 같다고 여기고 있는 것은 아닌지 주의할 필요가 있다"라는 것이다.

고양이는 자유와 통제력을 무척 중요하게 여긴다. 그런데 우리가 고양이들에게 목줄을 채우는 순간, 바로 이것을 빼앗는 셈이다. "활동적으로 지내고, 정신적으로 자극을 받을 수 있는 기회들이 풍부한 실내 환경을 고양이에게 제공하기 위해서 모색하는 것이 고양이를 목줄로 데리고 나가는 것보다 고양이의 복지에 더 이로울 가능성이 크다"라고 게인즈 박사는 말한다.

킨들 오브 키튼(A Kindle of Kittens)

클라우더(clowder), 클러터(clutter), 그래어링(glaring) 등 고양이에게 쓰이는 집합명사는 매우 많다. 새끼 고양이 한 무리는 리터(litter) 혹은 킨들(kindle)이라고 부른다.

사람들은 왜 고양이에 알레르기 반응을 보일까?

의외로 세계 인구의 10~20%가 집안의 반려동물에 알레르기 반응을 보이고, 고양이 알레르기는 개 알레르기보다 2배 더 흔하게 나타난다. 알레르기란 보통 인체에 무해한 물질에 대해 면역계가 과민하게 반응하는 것을 말하는데, 가장 흔한 반응은 눈 가려움, 기침, 재채기, 코 막힘 그리고 발진이다. 하지만 몇몇 사람들에게는 알레르기성 천식이나 비염이 발생할 수 있으며, 최악의 경우 죽을 수도 있다.

알레르기 환자들은 흔히 고양이 털이 원인이라고 생각하지만 알레르기의 주범은 8개의 특정 단백질 중 하나임이 거의 확실하다. 알레르기를 유발하는 이 단백질들은 고양이의 침, 항문샘의 분비물, 소변, 그리고 특히나 미세한 모낭에서 나오는 피지에서 발견된다. 이 피지는 털에 생기는 박편(고양이 비듬)에 의해 퍼진다.

지금까지 가장 심각한 알레르겐(알레르기를 유발하는 항원 물질)은 Fel d 1 단백질이다(나머지 단백질 이름은 Fel d 2부터 Fel d 8까지 있다). 이 단백질은 고양이의 침과 비듬에서 발견되며 고양이 알레르기의 95%를 일으킨다. 여러분에게 알레르기가 있다고 가정할 때, 여러분이 Fel d 1 단백질에 노출되면 혈액 속 링질세포는 면여글로불린 G 혹은 면역글로불린 B라는 항체 단백질을 생성하도록 유도된다. 이 항체 단백질은 (알레르겐이 생각과는 달리 무해하다는 사실에도 불구하고) 알레르겐에 달라붙어 알레르겐을 무력화시키는 역할을 한다. 이로써 히스타민과 같은 염증 화학물질 분비가 촉발되고, 히스타민은 의심스러운 병원균을 막아 내는 백혈구와 적혈구의 작용을 돕는다. 하지만 알레르기 반응을 보이는 사람들은 결국 체내에서 히스타민을 지나치게 생성한다. 이러한 히스타민의 과도한 분비는 가려움증과 조직이 부풀어 오르는 현상(부종)을 유도한다.

만약 알레르기가 있다면, 항히스타민제를 복용하고 정기적인 침구 세탁, 진공 청소 및 반려묘 목욕시키기로 (행운을 빈다!) 문제를 막을 수 있다. 그렇지 않으면, 되도록 고양이 털을 많이 떨어뜨리지 않거나 Fel d 1 단백질을 보다 낮은 수준으로 분비하는 저알레르기(Hypoallergenic cat, 하이포알러제닉캣) 고양이를 키우는 편이 좋겠다.

고양이는 왜 고양이를
싫어하는 사람들을 좋아할까?

고양이를 싫어하는 사람, 고양이 공포증이 있는 사람(고양이에 대한 과도한 공포) 그리고 고양이 알레르기가 있는 사람들은 종종 고양이가 애묘인보다 본인들에게 더 관심을 보인다고 말한다. 데즈먼드 모리스는 자신의 저서 《캣 워칭(Catwatching)》에서 고양이는 자신을 쓰다듬으려 하지 않는 사람에게 끌리며, 정반대로 애묘인은 더 열심히 고양이를 쳐다보기 마련인데 이런 점이 고양이를 불안하게 만들 수 있다고 추측했다. 정확히 직관과 반대되는 주장인 셈이다.

보다 최근에 존 브래드쇼(유명한 고양이 행동 전문가이자 브리스틀 대학교의 인간동물학 연구소 소장)는 고양이를 좋아하거나 고양이가 거부하는 사람들을 이용해서 이 이론을 확인한 후, 그 정반대가 진실임을 밝혀냈다. 그가 이용한 8마리 고양이

중 7마리가 고양이 공포증이 있는 사람들을 피했다. 반면, 대세를 거스른 단 1마리의 고양이는 요란하게 가르랑거리며 고양이 공포증이 있는 사람들 무릎 위로 뛰어 올라갔다. 브래드쇼 소장은 고양이가 고양이 공포증이 있는 사람을 더 선호할 경우에, 이런 경험은 항상 이런 일이 본인한테만 일어난다는 인상을 강하게 심어 주는 것이라고 추측했다.

고양이는 왜 그렇게
훈련시키기가 힘들까?

인간과 상호 작용을 하며 크게 덕을 보는 개와는 달리, 고양이는 우리 인간을 행복하게 해 주는 데 특별히 관심이 없다. 고양이는 원래 단독 생활을 하는 매복 포식자로서 짝짓기나 새끼 고양이를 키우기 위해 모이는 게 전부이다. 고양이는 함께하려는 동기 자체가 없으므로 훈련시키기 어려운 것이다. 사실 고양이가 우리와 함께 있는 것을 즐기게 한 것도 기적이다. 만약 녀석들이 그토록 타고난 설치류 처단자들이 아니었더라면, 결코 우리 생활 속으로 들어왔을 것 같지 않다.

수많은 고양이가 우리에게 애착을 보이지만, 녀석들은 우리의 인정을 필요로 하거나 갈망하지 않을 뿐 아니라, 특별히 먹이로도 동기 부여가 되지 않는 듯싶다. 이런 모든 점들이 고양이를 훈련시키기 어려운 대상으로 만드는 것이다. 그렇기는 하지만, 고양이가 화장실을 사용하고(얼마나 쉬우면 보통 배변 훈련은 스스로 알아서 할 것이다), 고양이 문을 이용하며, 외출 후 집으로 돌아오고, 또 주인이 부르면 다가오도록 하기는 쉽다. 게다가 고양이가 다른 행동을 하도록 훈련시키는 것도 불가능한 일은 아니다. 그러니 고양이 훈련에 도움을 줄 수 있다고 주장하는 숱한 책들이 존재할 수 있는 것이다.[*]

고양이 훈련하기는 항상 먹이 보상으로 시작한 후, 클리커 사용으로 옮겨 간다. 우선, 클리커는 먹이 보상과 동시에 사용하는데, 시간이 지나면 고양이는 클리커 소리 자체를 보상으로 인식하게 된다. 이는 2차적 강화라고 불리는 고전적인 조건 형성 기술이다. 고양이의 동기 부여 상태를 유지시키려면 클리커 시간, 즉 클리커 소리만 나는 시간과 먹이 주는 시간을 규칙적으로 배지해야 효과가 있다.

그래서 우리는 어떤 행동을 반려묘에게 훈련시킬 수 있을까? 흔한 기술로는 앉기, 장애물 넘기, 악수할 수 있게 앞발

---

[*] 존 브래드쇼와 사라 엘리스가 저술한 《훈련 가능한 고양이(The Trainable Cat)》라는 탁월한 책이 있다. 이 책은 반려묘를 덜 불안하고, 덜 까칠하며, 새 가족 구성원이나 손님을 맞이할 때 그리고 동물병원에 갈 때 한바탕 소란을 피우기보다는 스트레스를 덜 느끼는 고양이로 길들이는 방법에 집중하고 있다.

내밀기, 하이파이브 하기, 목줄 차고 걷기, 그리고 점프로 링을 통과해서 목표물에 도달하기가 있다. 그런데 이런 기술은 사실 "그걸 왜?"라는 질문이 튀어나오게 만든다.

1분 안에 수행된 고양이 기술들

2016년 2월, 호주의 한 도시인 트위드 헤드에서 로버트 돌웨트의 반려묘인 디자는 1분 안에 24가지의 기술을 수행했다. 기네스북에 따르면 그 기술들에는 점프하기, 하이파이브 하기, 그리고 스케이트보드 타기가 포함되었다고 한다.

우리 집 고양이를
실내에만 두어야 할까?

매우 논쟁을 불러일으킬 만한 질문이다. 반려묘를 안에 가둬두어야 할까? 아니면 마음대로 바깥을 돌아다니게 내버려 둬야 할까? 반려묘를 실내에서 키우는 사람은 귀한 우리 집 고양이가 자동차, 개, 그리고 학살자 존이라 불리는 다섯 집 아래에 사는 고양이와 사투를 벌일 것까지 걱정한다. 외출 고양이가 수많은 야생동물을 죽이고, (밖에서 직면하는 더 큰 위험들로 인해) 수명이 너 짧다고 여겨지는 것이 사실이다. 하지만 외출 고양이의 주인은 적어도 반려묘가 제 본성에 걸맞은 행동을 하고 상쾌한 공기를 마시면서 고양이다운 충만한 삶을 살고 있다고 주장한다.

사실 반려묘를 실내에만 두는 것은 완전히 가능한 일이다. 고양이는 단독 생활을 하는 동물로서 본래 다른 고양이들과 어울리지 않는 습성이 있다. 그래서 동네 공원에서 고양이들이 왕래하는 것은 친근감보다는 불안감을 더 유발할 가능성이 있다. 하지만 고양이는 사냥과 기어오르는 본능을 지닌다. 그 본능을 부추기는 욕구도 물론 가지고 있다. 따라서 실내 고양이에게는 몇 가지 세부적인 용품들이 필요하다.

용품 목록은 매우 뻔하다. 화장실, 적어도 1개 이상의 스크래쳐 기둥, 밥그릇, 그리고 되도록 높은 장소 몇 군데가 포함된 숨을 장소가 필요하다. 고양이가 먹이를 꺼내 먹기 위해 앞발로 더듬으면서 놀이를 하게끔 고안된 퍼즐 피더(Puzzle feeder)도 유용하다. 하지만 훨씬 더 중요한 것은 우리가 반려묘에게 시간과 관심을 쏟는 것이다. 활동량 부족은 권태, 스트레스 그리고 비만으로 이어질 수 있다. 그래서 실내 고양이의 주된 기분 전환법은 주인과 함께 노는 것이다. 녀석들은 게임, 털 손질, 쓰다듬기와 스크래칭, 그리고 쫓아가서 물어오는 놀잇감으로 다양한 자극을 받을 필요가 있다. 이런 놀잇감에는 공, 깃털, 두꺼운 종이 상자 그리고 쥐와 비슷하게 생긴 모형물과 같은 것들이 있다. 그리고 무엇보다 주인을 필요로 한다. 바로 여러분을.

왜 고양이는 푹신한 곳을
꾹꾹 누르는 걸까?

대부분의 고양이는 더없이 행복한 기분으로 대개 눈을 반쯤 감고서, 푹신한 것은 무엇이든지 꾹꾹 누르거나 주무르려 할 것이다. 고양이는 두 발을 1초에서 2초 간격으로 번갈아 가며 주인을 꾹꾹 누른다. 이런 행동과 함께 발가락을 뻗어서 발톱을 바깥으로 쭉 밀어낸다. 발톱은 녀석들이 마사지하고 있는 그 어떤 재질에도 걸릴 수 있다. 녀석들이 우리 무릎 위에 엎드려 그 느낌을 즐기는 동안, 우리는 무릎이 무척 아플 수 있다. 이 아픔은 고양이 주인이라면 느끼는 전형적인 난제를 불러온다. 고양이와 인간 사이의 끈끈한 유대감을 유지시킬 것인가, 아니면 가랑이 사이를 파고드는 발톱을 과감히 끄집어낼 것인가?

이런 행동은 새끼 고양이에게서 매우 흔하게 보인다. 하지만 수많은 고양이가 성묘가 되고 나서도 위협을 받지 않는 만족스러운 기분이 들 때면 계속 주무르는 행동을 한다. 이 행동은 가르랑거리는 소리와 함께, 가끔 과한 즐거움의 표시로 소변을 지리는 행동을 보일 때도 있다(우리 집 고양이 역시 내가 쓰다듬어 줄 때 소변을 엄청 많이 지리는데, 그 이유는 아마도 내 쓰다듬기 기술이 매우 뛰어나기 때문인 것 같다).

생물학자들은 고양이가 꾹꾹 주무르는 행동이 젖 생산을 촉진시키기 위해 엄마 고양이의 젖꼭지를 주물렀던 새끼 고양이 시절에서 온 행동적 잔류물일 수 있다고 생각한다. 젖 먹는 행위는 고양이에게 즐거움을 주기 때문에 녀석들은 그 행동을 긍정적인 경험과 연결시킨다. 이제 다 큰 고양이는 이러한 새끼와 어미 간의 소통 방식을 다른 방식으로 바꾸거나 차용하여 비슷한 애착을 주인에게 드러낸다. 이것이 반려묘가 우리 무릎을 주무르는 이유이다.

다른 한편으로 고양이는 주무르는 행동을 하다가 잠이 들곤 하는데, 이는 진화적으로 야생 고양이가 임시로 보금자리를 만들기 위해 잎 더미를 누르던 습성에서 온 것이라는, 완전히 다른 이론에 힘을 실어 주는 것이다.

고양이가 기후에 영향을 줄까?

고양이를 키우는 것은 매력적이지만, 고양이들이 배출하는 대변과 섭취하는 먹이는 사실 환경에 부담을 준다. 고양이 먹이를 생산, 수확, 그리고 유통하는 데에는 에너지가 필요하기 때문이다. 《개를 먹을 시간?(Time to Eat the Dog?)》의 저자인 로버트와 브렌다 배일 부부는 이 책에서 연간 고양이 1마리의 생태 발자국은 주행거리 1만 km인 폭스바겐 골프 차종의 생태 발자국과 같으며, 개의 생태 발자국이 연간 0.84ha(헥타르)인 것에 비해 고양이의 생태 발자국은 연간 약 0.15ha라고 말한다.

2017년도의 한 UCLA 연구 결과에 따르면, 미국인이 섭취하는 식이 에너지 총량의 19% 정도를 미국의 개와 고양이가 섭취한다. 이는 인구 6,200만 명에 상응하는 섭취량이다.

이 동물들은 대변도 많이 배출하는데, 미국인이 배출하는 대변 총량의 30%를 추가로 배출하는 셈이다. 이와 함께 토지, 물, 화석연료, 인산염 그리고 살생제 사용 측면에서 동물 생산이 환경에 미치는 모든 영향력의 25~30%는 개와 고양이의 먹이에 그 책임이 있다고 한다. 이 연구는 동물 사료가 인간에 의해 소비되지 않는 육류 부산물로 만들어진다는 점을 인정하면서도, 개가 그 육류 부산물을 먹는 것이 가능하다면 인간 역시 먹는 것이 가능해야 한다고 주장한다. 솔직히 우리

들 중 양, 허파, 그리고 내장을 꼬박꼬박 즐겨 먹는 사람은 많지 않기 때문에 그 부위를 먹으려면 문화적 전환을 한바탕 겪어야 할 것이다. 다행스럽게도 그 부위들이 맛있긴 하다(나는 특히나 골수 같은 것을 진짜 좋아한다).

이 연구는 이런 메시지를 전한다. "사람들은 반려동물을 사랑한다. 반려동물은 사람들에게 실제로도, 인식하기에도 큰 혜택을 제공한다." 그럼에도 우리는 반려동물이 생태학적으로 큰 부담이 된다는 사실을 알고 있어야 하며, 기후에 대한 우리 인간의 영향력을 경감하려면 이 점을 고려해야만 한다. 이런 인식은 도덕과 생태학의 상대성이라는 새로운 세계를 열어 준다. 이 상대성 속에서 우리는 정량화가 불가능한 정서적 영향(나는 반려묘를 아주 많이 사랑한다)과 정량화가 가능한 기후적 영향(내 식이 에너지 요구량의 19%를 반려묘가 더 많이 먹는다) 사이에 균형을 맞춰야만 한다.

이러한 노력은 우리를 골치 아픈 영역에 발을 들여놓게 할 수도 있다. 결국 이산화탄소 환산량 기준 온실가스 배출량을 줄이는 가장 효율적인 방법 중 하나는 자녀의 수를 줄이는 것이기 때문이다. 아이를 1명 덜 낳을수록 온실가스 배출량을 이산화탄소 환산량 기준 연간 58.6톤 줄일 수 있다(식단을 채식 위주로 바꾸면 연간 이산화탄소 환산량 기준 온실가스 배출량은 고작 0.8톤 줄어든다). 자녀를 더 가질 때의 불이익이 더 큰지 아닌지를 정량화하는 것은 불가능한 일인 동시에 끔찍한 일이기도 하다. 이는 이루어야 할 균형 상태와 해야 할 논의가 엄연히 존재하는데도, 초점을 반려동물 수 줄이기에서 갑자기 자녀 낳기 정책으로 건너뛰는 것이 아닐까?

고양이는 새를 죽이는 기계일까?

까치, 들쥐, 여우 혹은 코요테와 같은 포식자들보다 고양이가 생태계에 더 안 좋은 영향을 주는가(혹은 쥐 잡는 고양이를 이 세상에서 축출하는 것이 정말 이로운가)에 대한 열띤 논쟁이 벌어지는 중에도, 고양이는 새를 포함해서 야생 동물들을 사냥하고 죽인다.

'포유류 협회(The Mammal Society)'라는 비영리 단체가 1997년에 영국에서 연간 2억 7,500만 마리의 동물이 애완용 고양이에 의해 죽임을 당한다고 추정하자, 언론은 격분했다. 이 수치는 이 단체의 청소년 단체에서 완성한 방식에 기초해서 696마리의 고양이를 조사한 후 추론된 결과이다. 수치의 정확성에 대한 논란은 상당히 많았지만, 고양이가 다른 동물을 잡아먹는다는 것에 대해서는 의심할 여지가 없다. 학술지

〈네이처〉에 실린 2013년도 한 연구에서는 미국에서 매년 고양이가 13억~40억 마리의 새와 63억~223억 마리의 포유류를 죽인다고 추정했다.

그럼 고양이는 새에게 몹쓸 존재일까? 글쎄, 그렇게 간단하게 말할 문제가 아니다. 영국왕립조류보호협회(RSPB)는 영국에서 매년 고양이가 어림잡아 2,700만 마리의 새를 잡는다고 주장하지만, "그 정도의 사망률이 조류 개체군 감소를 유발한다는 그 어떤 명백한 과학적 증거도 없다"라고도 덧붙였다. 이 협회는 "고양이에게 죽임을 당한 새들 대부분은 어쨌든 다음 번식기 전에 다른 이유로 죽었을 것이므로, 고양이가 조류 개체군에 주된 영향을 미치는 것 같지는 않다"라고 언급하면서, 고양이가 주로 연약하거나 병든 새를 잡는다는 증거가 있다고 지적한다.

고양이가 동물 개체군에 미치는 가장 안 좋은 영향은 이제껏 고양이와 같은 포식자가 없었던 섬들에서 관찰된다. 그곳에서 고양이는 그야말로 스스로를 방어하기 위한 수단을 발달시키지 못한 지역 야생 동물을 초토화시킬 수 있다. 고양이에 대한 가장 심한 반감의 일부는 호주와 뉴질랜드에서 비롯된다. 이곳에서는 소형 유대류 및 주금류의 종들이 절멸되어 버렸으며 (이것이 전적으로 고양이의 포식 활동 때문인지 여부는 불분명하긴 하다) 몇몇 지방 자치 단체들은 고양이의 활동 범위를 집안으로 제한하는 것부터 시작해서 새로 생긴 교외 지역에서 고양이 소유를 제한하는 것까지, 고양이에 관한 엄격한 규제들을 두고 있다. 하지만 이런 규제들 중 어떤 것도 야생 동물에게 도움이 된다는 명백한 증거는 없으며, 이를 뒷받침하는 자료들은 종종 정반대의 결과를 보여 준다. 아마도 고양이가 새를 잡아먹지만, 결과적으로는 쥐도 잡아먹기 때문일 것이다.

물론, 집고양이가 새와 새알을 죽음에 이르게 하는 유일한 원인은 아니다. 대부분의 야생 동물은 야생 고양이, 여우, 까치, 쥐, 맹금류, 굶주림 그리고 순전히 성장 장애 때문에 죽는다. 야생 고양이 개체군들은 집고양이를 기르는 (그러고 나서 잃어버리는) 사람들에게 돌봄을 받긴 하지만, 이들이 야생 동물에게 끼치는 영향력이 절대적으로 확실한 것도 아니다. 한편,《캣 센스》의 저자 존 브래드쇼는 이 책에서 "영국에는 고양이 1마리당 최소한 10마리의 갈색 쥐가 있다"고 언급한다. 쥐는 조류와 작은 포유류 개체군들에 부정적인 영향을 끼치는 것으로 유명하다. 따라서 반 고양이 정책을 미는 압력 단체는 원치 않은 결과를 맞이할 수도 있으니 바라는 바에 신중을 기해야 한다.

8장

고양이 vs 개

어떤 종이 다른 종보다
더 낫다고 말할 수 있을까?

개냐 고양이냐의 위대한 논쟁에 무턱대고 뛰어들기 전에 잠깐 멈추고 생물학적 개념을 살펴보자. 걱정할 것 없다. 분명 많이 어렵지는 않을 것이다.

다른 손가락들과 마주 보는 엄지손가락, 추상적 사고력, 그리고 멋진 음악적 취향을 겸비한 우리 인간은 스스로를 지구상 다른 모든 종들보다 월등하다고 여기곤 한다. 유인원과 돌고래는 인간보다 훨씬 뒤처지지 않을지 모르지만, 지렁이와 플랑크톤은 어떨까? 우리 인간이 성취해 온 것에 비해 우리가 지구에 미치는 영향이 너무 크기 때문에 홀로세(마지막 빙하기 이후 인류 문명이 발달했던 1만 2,000년간의 시기)는 현재 끝난 것으로 간주된다. 그리고 인간이 지구에 미치는 두드러진 영향력에 의해 정의되는 새로운 시대인 인류세로 대체된다.

스푼과 포크가 합쳐진 스포크, 셀카봉, 그리고 저스틴 비버를 발명한 인류의 발자취를 따라가다 보면, 우리 인간보다 더 완벽하게 만들어진 생물 종은 없다는 말이 틀린 말은 아닌 것 같다. 그렇다! 인간들아, 힘내자! 단, 물론 1950년대에 있었던 방사능 오염으로 시작된 인류세는 이산화탄소 배출의 현저한 과속화, 대규모 산림 파괴, 전쟁, 불평등 그리고 세계 전역의 대량절멸이라는 파괴적인 지표들로 규정된다.

반면, 인간이 근근이 20만 년을 존재한 것에 비하면, 지렁이의 조상들은 다섯 번의 대량절멸에서 살아남아 6억 년 동안 존재해 왔다. 다윈은 흙을 일구고 비옥하게 만들어 우리가 식량을 재배할 수 있도록 해 주는 지렁이가 지구 역사상 가장 비중 있는 주역들 중 한 역할을 맡고 있다고 생각했다. 그렇다면 플랑크톤은 어떨까? 글쎄, 일단 이 숫자들을 살펴보길 바란다. 78억 명의 인간은 정말 보잘것없는 수준이다. 개체 수가 2.4×10^{28}인 SAR11 플랑크톤에 비교하면 말이다. 여러분의 이해를 돕기 위해 풀어 쓰자면, 플랑크톤의 개체 수는 24,000,000,000,000,000,000,000,000,000마리이다.

그러므로 일반적으로 고양이가 개보다 나은지 묻는 것

은 마치 "나무와 고래 중에 뭐가 더 나아요?"와 같은 어리석은 질문인 셈이다. 나무는 나무다운 것에 뛰어난 법이고 고래는 고래다운 것에 뛰어난 법이다. 지렁이는 인간보다 더 낫거나 더 못하지 않다. 다시 말해, 지렁이는 피부로 호흡하며 땅밑에 사는 육생의 자웅동체 무척추동물다운 것에 탁월한 셈이다. 그렇다 하더라도, 생물 종은 진화적으로 최고의 상태는 아니고, 항상 처한 상황과 관련하여 어떤 적응 형태로 존재하는 법이다.

개와 고양이의 가축화 과정은 특히나 흥미롭다. 진화론적 관점에서 이 동물들은 사냥으로 먹고사는 야생 포식자로서 비교적 최근에야 인간의 터전으로 옮겨 왔다. 그러므로 아마 적응하기 시작하는 단계에 위치해 있을 것이다. 50만 년 후에 다시 확인해 본다넌 이 동물들은 생물학적으로 매우 달라져 있을지 모른다. 그리고 인류세가 흘러가고 있는 양상을 살펴보건대, 이 동물들이 사랑했던 인간은 그때 즈음이면 더 이상 존재하지 않을지도 모른다.

고양이 vs 개:
사회적 그리고 의료적 측면에서

이전 장에서는 개와 고양이를 비교하는 일이 왜 생물학적 개념 원리에 반하는 깃인시 설명하는 데 공을 들였다. 하지만 그다지 재미있지는 않았다. 자, 이제 재미 삼아 고양이와 개를 비교해 보자!

인기도

(통계 수치가 그때그때 크게 다르기는 하지만) 영국에서는 고양이보다 개가 훨씬 더 인기가 많다.*

23%의 가정이 적어도 개 1마리를 키운다.

16%의 가정이 적어도 고양이 1마리를 키운다.

승자: 개

* 영국 사료제조협회의 2020년도 반려동물 개체 수 보고서 참조.

사랑

개와 고양이를 키우는 주인들은 모두 제 반려동물이라면 아주 사족을 못 쓴다. 하지만 어느 동물이 더 주인을 사랑할까? 신경과학자 폴 잭 박사는 주인과 함께 즐거운 시간을 보낸 개와 고양이로부터 채취한 타액 샘플들을 분석하여 어느 동물의 샘플에 옥시토신(사랑과 애착에 관련된 호르몬)이 더 많이 함유되어 있는지 밝혀냈다. 고양이의 옥시토신 분비 수준은 평균 12%만큼 증가한 반면, 개의 경우 57.2%로 크게 상승했다. 이는 약 5배 더 큰 증가량이다. 잭 박사는 고양이 주인들의 아픈 곳을 꼬집으며 이렇게 언급했다. "고양이가 어쨌든 (옥시토신을) 조금이라도 배출한다는 의외의 사실을 알게 되어 놀라웠다."

승자: 개

지능

평균 62g인 개의 뇌는 평균 25g인 고양이의 뇌보다 크다. 하지만 그렇다고 개가 더 똑똑한 것은 아니다. 향유고래의 뇌는 인간 뇌 크기의 6배에 달하지만 여전히 지능은 인간보다 낮다고 보는데, 그 이유는 포유동물 가운데 인간이 대뇌 크기에 비례하여 가장 넓은 대뇌피질을 갖기 때문이다(대뇌피질이란 정보 처리, 지각, 감각, 의사소통, 사고력, 언어 그리고 기억을 담당하는 영역을 말한다). 또 다른 지능 척도는 한 동물의 대뇌피질에 있는 신경세포의 개수다. 신경세포는 대단히 흥미로운 세포이다. 신경세포의 신진대사 비용이 높기 때문에 (신경세포는 활동을 유지하는 데 많은 에너지를 소모한다) 신경세포가 많을수록 우리는 음식물을 더 많이 섭취할 필요가 있으며, 이 음식물을 사용 가능한 연료로 전환시키기 위해 더 많은 신진대사 장치를 작동시켜야 한다. 이런 이유로 각각의 생물 종은 꼭 필요한 개수만큼의 신경세포만을 가지고 있다. 또한 〈프런티어스 인 뉴로아나토미(Frontiers in Neuroanatomy)〉에 발표된 한 연구 논문은 개가 고양이보다 대뇌피질 속에 신경세포를 더 많이 갖고 있음을 밝혀냈다. 고양이는 2억 5,000만 개인 것에 비해 개는 약 5억 2,800만 개를 갖고 있다. 인간이 160억 개로 개와 고양이 모두를 능가하긴 하지만 말이다. 측정 방법을 개발했던 연구자는 "저는 어떤 동물이 갖고 있는 신경세포, 특히나 대뇌피질에 있는 신경세포의 절대적 개수가 그 동물의 내면 정신 상태의 풍요로움을 결정한다고 믿습니다. 개는 고양이보다 복합적이고 융통성이 필요한 일들을 훨씬 더 많이 수행할 수 있는 생물학적 능력을 갖추고 있습니다"라고 말했다.

뇌의 중요 부위는 개별 동물에게 실제로 가장 중요한 것이 무엇인가에 따라 달라진다. 즉, 개는 무리 생활을 하는 동물이므로 함께 기능하기 위해서 의사소통 기술이 더 요구된다. 이런 기술은 전두엽과 두정엽에 집중되어 있다. 반면 고양이는 단독 생활을 하는 포식자이며 기어오르기와 같은 위기 상황을 모면하는 능력을 구사하려면, 운동 기능과 관련된 기술을 더 많이 필요로 할 것이다. 이런 기술은 전두엽의 운동 피질에 집중되어 있다.

승자: 개

편의성

고양이는 먹이고 돌보는 데 돈이 덜 든다. 고양이는 독립적이며, 산책을 시킬 필요가 없고, 또 개보다 훨씬 오랫동안 혼자 집에 있을 수도 있다. 배뇨 및 배변을 알아서 자신의 화장실에 잘 가린다. 그럼 개는 어떨까?

개는 키우기 편치 않다.

승자: 고양이

사회성

고양이는 단독 생활을 하며 세력권을 갖는 동물이지만 인간과의 교류에서 생리학적인 이익을 얻는다. 개는 다른 개와 서로 잘 어울린다. 물론 인간과 함께 있는 것을 더 좋아하지만 말이다. 개는 수많은 인간의 명령과 요청에 반응하고, 인간과의 신체적인 접촉을 즐긴다. 그리고 인간과의 접촉은 고양이의 경우와 마찬가지로, 개에게 생리학적인 이익을 제공한다.

승자: 개

환경 친화성

고양이는 매해 수백만 마리의 새를 죽인다(하지만 이에 따른 영향과 정확한 수치에 대해서는 열띤 논쟁 중이다). 그리고 개와 고양이 모두 생물 다양성을 감소시킬 가능성이 있다. 한편, 개는 더 큰 생태 발자국을 갖는다. 고양이 1마리에 연간

0.15ha의 토지가 필요한 것에 비해 보통 크기의 개를 먹이는 데에는 연간 0.84ha의 토지가 필요하다.

승자: (틀림없이) 고양이

건강상 이점

개 주인과 고양이 주인 모두 반려동물과 교류하면서 (스트레스 수준을 낮추는 데 도움이 된다) 호르몬상으로 확실한 이익을 얻는다. 그리고 이들은 반려동물을 키우지 않는 사람들보다 더 양호한 면역글로불린 수준을 갖추고 있어서 잠재적으로 소화관, 기도, 및 요도의 감염을 더 높은 수준으로 예방한다. 하지만 반려동물을 기르는 것에 관한 더 중대한 건강상의 주장들이 최근 연구들에서 제기되어 왔다. 개를 기르는 사람은 고양이를 기르는 사람과 반려동물이 없는 사람보다 운동을 더 많이 하는 경향이 있다. 이런 경향은 심혈관계 위험 요인을 낮추고 심장 마비 후 생존율을 높인다. 하지만 매년 영국에서 25만 명의 사람들이 개 물림 사고를 당해 경상 및 응급 의료센터를 방문하고 있고, 두세 명은 개에게 공격을 받아 숨진다는 사실들은 이러한 건강상 이점들을 무색하게 만든다. 세계보건기구에 따르면, 세계적으로 광견병에 걸린 개에 물려 연간 약 5만 9,000명의 사람이 사망에 이른다고 한다.

승자: 고양이

훈련 가능성

- **개:** 일반적인 개의 경우, 165개의 단어와 동작 기억하기, 공 찾아오기, 앉기, 앞발 내밀기, 점프하기, 주인과 발맞춰 걷기(heel, 각측 보행), 삼자리에 눕기, 뒹굴기, 기다리기, 잘만 하면 글래디 아주머니 다리에 험핑(humping, 올라타거나 성기를 문지르는 행동)하지 않기를 훈련을 통해 익힐 수 있다.
- **고양이:** 하하하하하하하.

승자: 개

유용성

곡물 창고 혹은 경작지를 소유하고 있거나 쥐가 꼬이는 문제를 안고 있는 소수의 사람들에게 고양이의 쥐 사냥은 큰 도움이 된다. 그 외 사람들에게 쥐 사냥은 다소 거슬리는 행

동이다. 반면에 새 사냥은 전혀 도움이 되지 않는다. 매번 우리의 관심을 끌기 위해 고양이가 우리에게 제공하는 것이라곤 사냥한 새가 전부이다. 반면 개는 여러모로 유용하다. 사냥하기, 냄새로 밀수품과 폭발물 찾아내기, 황야에서 자취 따라가기, 병 진단하기, 길을 잃거나 갇혀 있는 사람 구해 내기, 시각장애인 안내하기, 양 떼 몰기, 집 지키기…. 그만하겠다. 무슨 뜻인지 알 것이다.

승자: 개

고양이 vs 개:
신체적 측면에서

속도

치타는 육상에서 가장 빠른 동물로서 시속 117.5km로 달릴 수 있다. 하지만 안타깝게도 고양이는 치타가 아니다. 굳이 뛴다면, 짧게 몰아치듯 한 번에 시속 32~48km를 주파할 수 있다. 체면 구기게도 이 스피드는 그레이하운드의 최대 속력인 시속 72km와 비교되지만, 시속 30km로 느릿느릿 걷는 골든리트리버에 비하면 매우 훌륭하다.

승자: 개

지구력

이 항목에서는 확실히 개가 승자다. 고양이는 매복 포식자로서, 단거리 질주로 사냥감을 덮치기 전까지 참을성 있게 몇 시간 동안 사냥감을 따라다닐 수 있다. 개는 선천적으로 단거리 질주에는 적합하지 않지만 장거리 유산소성 지구력 운동인 추격에는 적합하게 태어났다(공교롭게도 나와 무척 비슷하다). 인간은 빙판과 눈밭을 가로질러 여행할 때 개의 이러한 능력을 마음껏 사용해 왔다. 썰매 끄는 개들이 보여 주는 지구력은 상상을 초월한다. 아이디타로드 개 썰매 경주에 참가하는 개는 8일에서 최대 15일 동안 인가가 드문 알래스카에서 1,510km를 달린다.

승자: 개

사냥 능력

규칙적으로 먹이를 제공받음에도 거의 대부분의 집고양이는 사냥에 대한 충동과 기술을 간직하고 있다. 그래서 사냥 능력을 뽐낼 수 있는 쥐와 새를 집에 자주 가져온다. 정반대로 대부분의 개는 추격 본능을 갖고 있지만 대다수 개들의 사냥 능력은 임무를 위해 특수하게 길러지지 않은 이상, 가소롭다는 표현이 어울릴 만한 수준이다. 우리 집 개는 최대 속력으로 정원을 가로질러 우리 집 고양이를 쫓곤 하는데, 일단 고양이를 구석에 몰고 나면 흥이 사라져 고양이가 다시 도망쳐 주길 바란다. 우리 집 고양이로서는 그 개가 녹초가 되길 바랄 뿐이다.

발톱 개수

내가 지금 쓸 거리가 없어서 이러는 것이 아니다. 발톱이 그만큼 중요하기 때문이다. 고양이에게 다지증은 비교적 흔하지만 개에게는 드문 증상이다.

진화

〈미국국립과학원회보〉에 실린 2015년도 한 연구 논문은 과거에 고양잇과 동물들이 생존 능력에 있어서 갯과 동물들보다 더 나은 적이 있었음을 보여 준다. 갯과 동물은 4,000만 년 전 북아메리카에서 기원했는데, 2,000만 년 전에 이르기까지 이 대륙은 30종 이상의 갯과 동물들의 서식처였다. 고양잇과 동물들이 없었다면 이보다 훨씬 더 많았을 수 있다.

연구진은 접근 가능한 먹이가 걸린 경쟁에서 고양잇과 동물들은 갯과 동물들을 능가함으로써 40종의 갯과 동물들을 절멸시키는 데 결정적인 역할을 했던 반면, 갯과 동물들이 고양잇과 동물을 단 한 종이라도 전멸시켰다는 단서는 없음을 알아냈다. 움츠러들 수 있고 한결같이 날이 선 상태로 유지될 수 있는 고양잇과 동물들의 발톱뿐만 아니라, 다양한 사냥 수법 때문에 갯과 동물들이 경쟁에서 밀렸던 것일지도 모른다. 반면, 갯과 동물들의 발톱은 움츠러들 수 없고 언제나 무디다. 이유가 어떻든 간에, 이 보고서는 "고양잇과 동물들이 더 효율적인 포식자였던 것이 틀림없다"고 언급했다. 이는 어느 정도까지는 고양잇과 동물이 확실히 더 낫다는 것을 의미한다.

승자: 고양이

고양이는 왜 개를 싫어할까?

개와 고양이는 모두 최근에 가축화된 육식성 포식자로서, 고기를 몹시 좋아하며 사냥과 살생 충동을 간직하고 있다. 개는 더 오랫동안 인간과 함께 살아왔다. 그러다가 1만 년 전, 불쑥 고양이가 나타났고, 개는 내키지 않지만 집과 먹이 그리고 애정까지도 이 작고 까칠한 야수들과 나눠야 했다. 거기에다가 대부분의 개가 고양이보다 몸집이 크다는 사실을 추가하면, 답은 뻔하다. 크고 굶주린 개가 작고 바삭한 고양이를 잡아먹고 싶어 한다는 것이다.

하지만 물론 그렇게 단순하지 않다. 우리 집을 포함한 많은 가정집에서 개와 고양이를 둘 다 키우는데, 전혀 그렇게 보이지 않는다. 우리 집 고양이는 분명히 우리 집 개를 싫어하지만, 우리 집 개는 이 고양이가 너무 좋아서 관심을 구하고 같이 놀고 싶어 한다. 고양이로서는 녹록지 않은 사냥개와 노느니 제 눈을 바늘로 찌르는 편이 나을 것이다. 그러니 관계에 있어서는 고양이의 주도권이 아주 큰 듯하다. 우리 집 개가 이따금 우리 집 고양이를 쫓기는 해도, 그 반대 상황이 더 자주 벌어진다. 고양이가 몇 번 앞발로 후려치고 덮치면 풀이 죽는 쪽은 개이다. 이런 상황은 흔하게 일어나는 편이다. 〈수의학 행동 저널(Journal of veterinary Behavior)〉에 실린 한 연구 논문에 따르면, 고양이의 57%가 같은 집에 사는 개에게 적대적이며(다만 10%만이 그 개를 다치게 한 적이 있었다), 개의 18%만이 고양이를 위협했다(그중 고양이를 언제고 다치게 할 수 있는 개는 1%뿐이다).

내 순둥이 반려견이 사나운 반려묘를 언제고 다치게 할 거라니 믿을 수가 없다. 하지만 그도 그럴 것이, 개는 고양이 크기의 거의 8배여서, 두 종을 동시에 키우는 주인은 완전히 마음을 놓을 수 없다. 개가 사회화 교육이 되어 있지 않은 상태에서 포식자로서의 뿌리에 여전히 닿아 있다면, 새끼 고양이를 맛 좋고 연한 먹잇감으로 여길 가능성이 있다. 따라서 사회화 과정을 거쳐 두 동물을 세심하게 지도하는 것은 부적절한 식욕을 피하는 데 아주 중요하다. 새끼 고양이의 경우 생후 4주에서 8주, 그리고 새끼 강아지의 경우 생후 5주에서 12주 동안 안전하고 제어 가능한 환경에서 인간뿐만 아니라 다른 종과 함께 시간을 보내도록 해야 한다. 이것이 상호 작용 및 상호 신뢰를 키울 수 있는 열쇠이다.

애묘인 vs 애견인

아니면 '300자 이내로 세계 인구의 상당수를 열받게 하는 법'
이라고 제목을 지어도 좋겠다. 물론, 개인 성향이란 천차만
별임을 잘 알고 있다. 그러니 나처럼 개를 기른다고 해서 그
사람들이 하나같이 당연히 공격적이고, 강압적이며, 병적으
로 자기중심적이라고 말하지는 않겠다. 우리 개 주인들이 그
럴 가능성이 있다는 정도로만 말하겠다. 잠깐, 내가 애견인이
라는 고백은 아니다. 나는 애견인이자 애묘인이며, 모래쥐도
좋아하고 인간도 좋아한다. 그러니까 편파적인 사람은 아니
다. 스스로를 애견인과 애묘인으로 규정하는 사람들에 대한
2010년도 한 텍사스 대학교 연구 논문 결과에 따르면, 애묘
인은 애견인보다 덜 협력적이고, 다소 무심하고, 열정적이고
외향적인 면이 부족하며, 불안과 우울에 시달릴 가능성이 더

크다. 애묘인이 더 신경질적이긴 하지만, 그래도 애견인보다 생각이 더 유연하고, 예술적 감각이 더 뛰어나며, 지적인 호기심이 더 강하다. 2015년, 호주 연구진은 개 주인이 경쟁력과 사회적 지배성에 관련된 특질 면에서 고양이 주인보다 더 높은 점수를 받았음을 확인했다. 이 결과는 연구진의 예상과 일치한 것이었다(개들은 더 쉽게 지배되기 때문에 연구진은 개 주인이 더 지배적인 사람일 가능성이 크다고 추정했다). 하지만 연구진은 고양이 주인들이 자기애와 대인관계적 지배성 면에서 개 주인들 못지않게 높은 점수를 받았음을 함께 확인했다.

2016년, 페이스북은 자체 데이터에 대한 조사 결과를 발표했다(그러니까 이 결과는 페이스북 사용자들에 한정된 것임을 명심하자. 다만 이 회사는 수많은 사람들에 대한 수많은 것들을 알아내는 기이한 능력을 갖추고 있긴 하다). 그리고 다음과 같이 분석했다.

- 애묘인들(30%)은 애견인들(24%)보다 혼자 살 가능성이 더 높다.
- 애견인들은 친구가 더 많다(그러니까, 페이스북으로 친구 맺은 사람 수가 더 많다).
- 애묘인들은 행사에 초대받을 가능성이 더 높다.

페이스북은 각 사용자가 언급한 책들을 통해 이렇게 분석했다. 애묘인은 더 문학적이고(《드라큘라》,《왓치맨》, 그리고 《이상한 나라의 앨리스》), 애견인은 더 강하게 개에 사로잡혀 있으면서도 종교적이다(《말리와 나》와《록키에게 배운 것들》은 모두 개에 관한 내용이며,《목적이 이끄는 삶》과《오두막》은 모두 신에 관한 내용이다). 애견인은 사랑과 성에 대한, 감성을 자극하는 영화를 좋아하지만(〈노트북〉, 〈디어 존〉, 〈그레이의 50가지 그림자〉) 애묘인은 사랑과 성에 관련된 요소가 살짝 가미된 죽음, 절망감, 그리고 약물에 관한 영화를 좋아한다(〈터미네이터2〉, 〈스콧 필그림〉, 〈트레인스포팅〉).

하지만 페이스북의 데이터는 기분에 대해 다룰 때 확실히 흥미를 끈다(상당히 거슬리기도 한다). 반려동물 주인의 기분에 대한 데이터는 실제로 그 반려동물의 고정관념을 그대로 보여 주는 듯하다. 애묘인들은 온라인 게시물에서 무기력, 재미, 그리고 짜증을 표현하는 경우가 훨씬 더 많은 반면, 애견인들은 신남, 자랑스러움, 그리고 '행복'을 표현하는 경우가 더 많음을 확인할 수 있다.

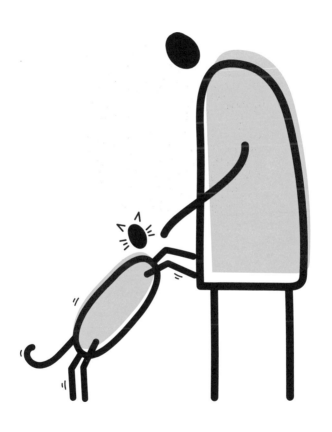

9장

고양이의 먹이

고양이 사료의 성분은 무엇일까?

2020년, 세계 반려동물 사료 시장의 규모는 약 85조 5,400억 원(548억 파운드)이었던 한편, 영국 사료 시장 단독으로는 그 규모가 약 4조 5,200억 원(29억 파운드)이었다. 최초의 반려동물 사료 광고는 제임스 스프랫에 의해 1860년대에 처음으로 제작되었다. 그는 미국의 사업가로 피뢰침을 팔기 위해 런던으로 출장을 갔다가, 먹을 수 없을 만큼 형편없는 선원용 건빵을 그의 반려견 먹이로 받고는 엉뚱한 데에 관심이 쏠리게 되었다고 한다. 그는 사료 생산이라는 틈새시장을 발견하고 '미트 피브린 도그 케이크(Meat Fibrine Dog Cakes)'라는 제품 아이디어를 떠올린 것이다. 맛있는 사료 말이다. 그는 처음에는 영국에서 그리고 미국에서까지 크게 성공했다. 게다가 그가 초창기에 영국에서 고용한 사람들 중 한 명이 바로 나중에 회

사를 떠나 명견 경연 대회 '크러프츠 도그쇼'를 조직한 찰스
크러프츠였다.

그런데 반려동물 사료 제조사들은 선뜻 고양이 사료에 적
극적으로 달려들지 않는다. 고양이 사료 시장은 강한 규제를
받는 산업이며 몇몇 규제 기준선들이 턱없이 높기 때문이다.
사료의 원료로 쓰이는 동물들은 도축 시점에서 인간이 먹기
에 적합한지 확인받기 위해 수의사의 검사를 통과해야만 한
다. 반려동물, 로드킬 희생 동물, 야생동물, 실험 동물, 그리고
모피용 동물은 허용되지 않을 뿐만 아니라, 병에 걸린 동물
로부터 얻은 육류 역시 사용할 수 없다. 고양이 사료에는 항
상 소고기, 닭고기, 양고기 그리고 생선에서 나온 자투리 살
과 파생물 그리고 인간이 소비하기 위해 만들어진 식품에서
나온 부산물들이 섞여 있다. 이 혼합물에는 언제나 간, 신장,
유방, 양, 족발, 그리고 허파가 포함된다. 이런 부위들이 우리
에게 그다지 먹음직스럽게 들리지 않을지는 몰라도, 고양이
들은 이 부위들을 아주 좋아한다. 핵심적으로 말해서, 도축된
동물에서 나오는 쓸 만한 부위는 버릴 데가 전혀 없다는 뜻이
기도 하다.

시중에 판매되는 고양이 사료는 대부분 육류이긴 하지만, 별도의 타우린(고양이가 체내에서 스스로 만들어 낼 수 없는 아미노산), 비타민 A, D, E, K 그리고 다양한 무기염류 같은 영양첨가제도 추가된다.

고양이 습식 사료는 일반적으로 미트로프(다진 고기를 식빵 모양으로 구운 요리 형태)로 조리된다. 조리된 미트로프를 덩어리로 자르고 젤리형 소스나 그레이비 소스와 섞은 후 캔, 트레이, 혹은 파우치에 담는다. 내용물이 담긴 이 용기들을 레토르트(고압가열살균솥)에 넣고 섭씨 116~130도로 재가열하여 살균한다. 밀봉된 포장 용기는 유통기한이 긴 데다가 놀라울 정도로 멸균된 상태로 유지된다. 캔 용기는 식힌 후에 그 위로 라벨을 붙인다.

고양이 건식 사료는 더 흥미롭다. 습식 사료처럼, 건식 사료도 육류와 육류 파생물의 혼합물로 제조가 시작된다. 하지만 언제나 이 원료들을 조리한 후 마른 가루로 빻는다. 그 다음, 시리얼, 채소류, 그리고 영양 첨가제와 섞는다. 여기에 물과 증기가 더해지면서 뜨겁고 두툼한 도우가 완성된다. 이 도우는 압출기(도우를 압축하고 뜨겁게 만드는 거대한 나사 모양의 기계 부분)를 통과해 다이라고 불리는 작은 노즐까지 밀려간다 (치즈 퍼프도 거의 같은 방식으로 만들어진다). 그리고 이 도우가 찍찍 짜여 나옴과 동시에 회전하는 날에 의해 잘게 썰려 여러 가지 모양을 갖추게 된다. 가열 과정에서 육류 속 영양소 일부가 분해되기 때문에 이 분해된 영양소들은 나중에 다시 추가되어야 한다. 조리된 도우가 짜여 나올 때 압력을 적절히 변화시키면 도우가 부풀려져 키블(사료 알갱이)이 만들어진다 연을 기해 키블 사료를 건조시킨 다음, 여기에 여러 향료와 영양 첨가제를 뿌려 전체 과정에서 분해된 영양소를 보충한다.

고양이 사료는 인간이 먹기에 적합할까? 글쎄, 영국에서는 법적으로 반려동물 사료를 제조하는 데 쓰이는 모든 원료가 인간이 섭취하기에 적합해야 한다. 게다가 모든 재료들은 레토르트에서 철저하게 조리되기 때문에 유해한 세균이 들어 있을 가능성은 거의 없다.

고양이는 왜 그렇게
사료에 까다로울까?

고양이의 사료 편식은 아주 유명하다. 고양이가 평소에 먹던 그 사료를 두 번 다시 먹지 않겠다고 거부하는 건 드문 일이 아니다. 이런 변화의 유력한 한 원인은 특정 사료에 대한 혐오 반응을 학습한 탓이다. 어떤 고양이가 병에 걸린다면 이 고양이는 그 병에 걸리기 전 마지막으로 먹었던 끼니를 부정적으로 연관시킬 수도 있다. 그 사료가 병의 원인이든 아니든 말이다. 이러한 혐오는 생존에 유리할 수도 있지만, 대개 돌이킬 수가 없다. 고양이 주인이 할 수 있는 유일한 선택은 사료의 맛이나 브랜드를 바꾸는 것뿐이다. 여기에 또 다른 설명이 가능할 것 같다. 고양이가 '먹이 다양성의 메커니즘'을 지닌다는 것이다. 이 메커니즘은 언젠가 고갈될지도 모르는 하나의 먹이 공급원에 의존하게 되는 것을 피하기 위해 때때로 식단을 바꾸려 하는 일종의 유전적 경향성이다.

더 흔하게는 고양이가 명백한 이유 없이 정해진 시간에 먹는 것을 중단하거나 앞에 놓인 맛있는 음식을 거들떠보지도 않으려 할 것이다. 여기에는 여러 가지 이유가 있을 수 있다. 고양이 입장에서 먹이를 먹을 때는 익숙하지 않거나 통제 불가능한 요소로 인해 불안감을 느낄 개연성이 있다. 바로 옆에 있는 또 다른 반려동물, 마당에 있는 또 다른 고양이, 혹은 새로 산 소독약 용기 근처에서 나는 냄새와 같은 요인들 모두 고양이를 불안하게 만들 수 있는 것이다.

반려묘 식단이 걱정된다면, 고양이는 적은 양을 조금씩 자주 먹는 방식에 최적화되어 있다는 점을 기억하면 된다. 그러니 만약 이런 방식의 먹이 주기가 여러분의 일정과 맞지 않는다면, 고양이가 그저 사료에 까다롭게 구는 것으로 보일 수 있다. 고양이는 집을 배회하다가 식간에 무언가를 먹은 후 영양소의 균형을 유지하기 위해 단백질 대 지질 섭취율을 스스로 조절하는 중일지도 모른다. 식욕 부진이 2~3일 이상 지속되지 않는 한 보통은 걱정하지 않아도 된다. 다만 2~3일을 넘긴 시점에는 동물병원에 문의해 보는 것이 좋겠다.

고양이가 채식을 하기도 할까?

고양이는 사자와 호랑이처럼 절대 육식 동물이다. 오로지 고기만 먹는 육식성으로서 필요한 모든 영양소를 육류에서 얻는다. 육류가 식단의 30% 이하를 차지하는 경도 육식 동물부터, 식단의 30~70%가 육류인 반 육식 동물, 그리고 식단의 70% 이상이 육류인 고도 육식 동물까지 자연계에는 다양한 수준의 육식 동물이 존재한다. 짐작하다시피 고양이는 마지막 부류에 해당한다. 하지만 그렇다고 고양이가 식물을 먹지 못한다는 뜻은 아니다. 다른 먹을 것이 전혀 없다면 식물을 먹을 수도 있다. 고양이는 심지어 식물에서 약간의 양분을 얻을 수도 있지만, 그 양분을 제대로 분해하지 못하기 때문에 건강하게 자라는 데* 필요한 모든 영양소를 얻지 못한다. 다른 동물들과 달리, 고양이에게는 육류에 풍부하게 들어 있는 타우린, 비타민A 그리고 아라키돈산과 같은 특정 영양소가 함유된 식단이 반드시 필요하다.

고양이의 소화관은 양과 같은 반추동물 그리고 인간과 같은 잡식동물의 소화관에 비해 상대적으로 짧다. 단순히 더 길 필요가 없기 때문이다. 참고로 육류는 채소류보다 분해하기 훨씬 더 쉽다. 그렇다면 마른 육식 동물은 왜 필요하지 않은 '복잡한 대사 작용에 많은 에너지를 소비하는 소화계'에 에너지를 낭비하는 걸까?

고양이를 위한 채식 식단을 만드는 것은 가능하지만, 무척 까다로운 일이다. 고단백, 저섬유 식물 공급원, 그리고 반려묘가 좋아할 만한 향미료가 필요하며, 게다가 이 채식 식단은 타우린, 티아민, 니아신, 비타민B 몇 종류, 그리고 그 밖에 여러 미량 영양소가 보충되어야 한다. 다양한 반려동물 사료 제조사들이 여기에 정확히 부합하는 제품을 생산하고 있다. 일반적인 주의사항으로 반려묘를 채식 식단으로 전환시키기

---

* 어쨌든 인간은 수년 동안 잼을 바른 샌드위치 따위를 주식으로 먹고살 수도 있다. 하지만 비타민과 무기염류 결핍은 결국 여러 가지 건강 문제를 유발할 것이다. 영양적 문제, 발달적 문제, 면역계 및 심혈관계 질환, 그리고 높은 조기 사망률을 단계적으로 야기할 것이다.

전에 수의사와 상의해야 한다고 쓰여 있기는 하지만, 많은 수의사들이 채식 식단에 반대할 것 같다. 그들은 기존의 육류 기반 식단을 신뢰할 수 있고 관리 가능한 것으로 보기 때문이다. 이에 식물 기반 반려동물 사료 제조사들은 수의사들이 "고정관념에 사로잡혀 있다"고 주장해 왔다. 수많은 학술적 연구 논문들이 시판 중인 육류 기반의 고양이와 개 사료 식단으로 유발되는 건강상 부작용을 지적하고 있는 것이 사실이다. 하지만 비건 혹은 베지테리언 사료가 조금이라도 좋다는 것을 증명할 연구 결과는 없는 상태이다.

살찐 고양이

기네스북에 기록된 가장 무거운 고양이는 1986년에 호주에서 호흡부전으로 사망했을 당시 몸무게가 21.3㎏이었던 힘미였다. 힘미는 손수레로 실어 날라야 했다. 그 후에 더 큰 고양이가 있었을 수도 있지만, 기네스 측은 사람들이 그저 기네스북에 오르기 위해 반려동물에게 과도하게 사료를 먹이는 행동을 저지하기 위해 해당 항목에 대한 기록을 중단했다.

고양이는 왜 풀을 먹을까?

고양이의 토사물을 치우는 일은 불쾌하지만, 그중에도 풀이 섞인 토사물은 최악이다. 이 토사물은 물기가 많아서 순식간에 카펫에 스며드는데, 거품이 이는 시큼한 위액 위주로 이루어져 있다.

고양이에게는 사람처럼 섬유소 기반의 풀을 대사시키기 위한 소화 메커니즘과 화학작용이 결여되어 있다. 이것이 고양가 풀을 토해 내는 이유이다. 그런데 애초에 고양이는 왜 풀을 먹는 것일까? 한 이론에 따르면, 고양이는 풀에 함유된 수분으로부터 엽산을 추출한다. 그리고 추출된 엽산은 대사 과정을 거쳐 (식이성 엽산으로 알려진) 비타민 B9로 전환된다. 이 비타민 B9는 헤모글로빈 생성에 꼭 필요한 요소이며 이것이 결여되면 고양이에게 빈혈 증상이 나타난다. 하지만 엽산이 고양이에게 중요하다면 왜 고양이들은 풀을 성분 요소들로 분해하기 전에 역류시키는 것일까? 물론, 고양이가 소량의 풀을 토해내기 전에 적당량의 풀을 소화시킬 가능성은 항상 존재한다.

고양이가 아프거나 소화가 잘 안 되는 물질(털, 깃털, 장내 기생충)을 소화관에서 제거해야 한다면, 때로는 일부러 게워내야 한다. 그래서 고양이는 구토제로 풀을 이용하는 것일 수도 있다. 구토제란 구토를 유발하기 위해 삼키는 음식물 혹은 약을 말한다(중독 증세를 보이는 경우 독소를 말끔히 없애기 위해 사용된다). 또 다른 이론에 따르면, 풀은 설사제 효과를 지녀서 고양이가 규칙적으로 배변을 할 수 있도록 돕는다. 분명히 이 두 이론은 양극단에 위치한다. 우리가 분명히 알고 있는 한 가지는 이따금씩 하는 구토로 고양이가 심하게 고통받는 것 같지는 않다는 점이다. 그리고 풀을 먹는 것은 고양이에게 더할 나위 없이 안전한 행동이라는 점이다. 꾹 참는 것보다 욱 뱉는 게 낫다.

고양이는 왜
생선 먹는 것을 좋아할까?

고양이의 유난스러운 물고기 사랑은 일단 그 이유가 너무 뻔해 보인다. 고강도의 자극적인 냄새는 고양이의 후각을 끌어당기며 최고의 단백질 함유량은 물고기를 최고의 다량영양소로 만들어 준다. 내 반려묘 치키는 어쩌다 보니 우리 집 금붕어를 거의 다 죽이고 말았다. 하지만 금붕어를 먹지는 않고 그저 어항 밖으로 자유롭게 놓아 주었다.

하지만 물고기에 대한 고양이의 집착은 몇 가지 이유에서 아주 이상하다. 첫 번째로 대부분의 고양이는 물을 기피하는데, 당연히 물고기를 찾을 수 있을 수 있는 곳은 물속이기 때문이다. 그래서 진화적 관점에서 보면, 고양이가 물고기를 자주 마주쳤을 것 같지는 않다. 두 번째로 신선한 생선은 고양이의 주식으로 그다지 적합하지 않기 때문이다. 고양이가 생선 뼈를 잘 처리하지 못할 수도 있고 또 인간이 주는 참치 통조림에는 수은과 인 함량이 높을 수도 있다. 수은과 인은 신장 질환을 앓는 고양이에게는 좋지 않다. 또한 고양이에게 나타나는 알레르기 대부분은 (한 연구에 따르면 모든 식품 알레르기의 약 4분의 1 정도는) 생선에 원인이 있다.

그렇지만 이 모든 단점들에도 몇몇 고양이들은 생선을 정말 좋아해서, 자주 생선을 먹게 되면 다른 것은 먹으려 하지 않을 것이다. 적은 분량의 생선 간식은 문제를 일으킬 것 같지 않지만, 부디 신중하길 바란다. 그렇지 않으면 생선에 맛들린 고양이 때문에 고가의 사료 코너에 서 있는 우리 자신을 발견하게 될 것이다.

고양이는 왜 사료 근처 바닥을 쓸어내릴까?

고약한 이름에 고약한 행실을 가진 얼룩고양이 치키는 저녁을 다 먹고 난 후 이따금씩 밥그릇 수변의 바닥을 쓸어내리는 이상한 행동을 한다. 녀석은 가상의 사료가 쏟아져 있는 바닥을 닦거나, 보이지 않는 먼지를 이쪽에서 저쪽으로 치우는 것처럼 보인다. 하지만 실제로 녀석이 해내고 있는 일은 전혀 없다. 사춘기 아이가 잔뜩 뿔나서 식탁 위를 행주로 쓰다듬는 모습과 설렁설렁 바닥을 닦는 고양이의 모습은 무척 닮았다. 쓰다듬는 이 동작은 녀석이 (사춘기 아이 말고 고양이) 정신을 차리고 자리를 뜨기까지 약 2분간 지속될 수 있다.

　이런 동작은 실용적인 목적은 없지만, 고양이가 아주 흔하게 보이는 행동이다. 어쩌면 고양이의 흠잡을 데 없는 위생 상태와 관련 있을 수도 있다. 고양이는 대변이나 소변을 땅에 묻을 때 이와 똑같은 동작을 한다. 그러니까, 이 동작은 고양이가 어딘가 있을지 모를 포식자를 피하기 위해 자신의 존재를 드러내는 흔적을 숨기려는 성향과 관련 있을지도 모른다. 데니스 터너와 패트릭 베티슨은 저서 《집고양이: 고양이 행동에 관한 생물학(The Domestic Cat: The Biology of its Behaviour)》에서 고양이가 왜 그런 행동을 하는지 정확하게 설명하지는 못했지만, 그 행동이 진화적 잔재라고 추측하면서 "이렇게 진화적으로 오래되고 공고화된 행동 형태는, 보상 없는 활동이 동물의 활동 목록에서 소멸되는 학습의 일반적인 규칙들에 영향을 받지 않는다"라고 언급했다. 한마디로 아직은 사라지지 않은, 중요치 않은 진화의 잔재인 셈이다.

세상에서 제일 길쭉한 고양이

미국 리노시에 사는 메인쿤 품종의 스튜이는 코끝에서 꼬리 끝까지 123㎝에 이르는 거대한 고양이다. 스튜이는 공식 치료 도우미 동물로서 2013년 1월, 8세의 나이로 죽기 전까지 그 지역 양로원을 정기적으로 방문했다.

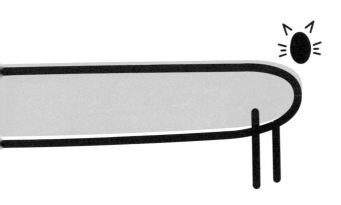

감사의 글

이 책은 자신의 전문 지식을 지면에 기록해 두었던 무수히 많은 훌륭한 연구자들과 저자들의 노고를 바탕으로 한다. 그리고 이 매력적인 분야를 이해하는 데 없어서는 안 될 수백 가지 문헌들이 있었다. 이 분야에 관한 연구 대부분이 정부 지원을 받았으며, 과학 출판사는 이로 인해 엄청난 수익을 창출하면서도 그 지식을 대중에게서 사실상 분리해 놓는 현실이 이상하기도 하고 서글프기도 하다. 더 늦기 전에 이런 관행이 변하기를 기대해 보자.

쿼드릴 출판사의 멋진 사라 라벨, 스테이시 클레워스 그리고 클레어 로치포드에게 정말 감사드린다. 내가 꽂히는 기이한 것들에 대해 대단한 열정을 보여 주었으며 마감일을 준수하지 못하는 내 무능과 나라는 사람 자체를 너그럽게 받아 주었다. 아울러 루크 버드에게도 감사드린다. 또 다른 기이한 프로젝트를 선뜻 맡아 주었다.

어여쁜 내 딸 데이지, 파피, 조지아에게 정말 고맙다. 글을 쓸 수 있게 정원 구석에 나를 혼자 내버려 두었고, 저녁을 먹으며 내가 숨도 쉬지 않고 열정적으로 쏟아내는 과학적 사실들을 꾹 참고 들어 주었다. 블루와 치키에게도 고맙다. 서골비 기관, 순막, 털 세기, 다른 종과의 의사소통 그리고 발톱 움츠리는 능력을 테스트하느라 계속 귀찮게 해도 참아 주었다. 브로디 톰슨, 엘리자 헤이즐우드, 그리고 코코 에팅하우젠에게도 감사드린다. 또한 언제나 한결같이 놀랍고도 끝내주게 협조적인 DML 직원들, 잔 크록슨, 보라 가슨, 루 레프트위치, 그리고 메건 페이지에게도 감사드린다.

마지막으로 우리 공연을 보러 와 준, 그리고 단원들이 무대 위에서 실시간으로 아주 환상적이거나 구역질나는 과학을 파헤치는 동안 박장대소해 주었던 뛰어난 청중 여러분께 정말 감사드린다. 사랑합니다, 여러분.

참고 문헌

책을 쓰면서 책, 기사, 그리고 연구 논문 등 방대한 양의 자료를 섭렵했다. 이 모든 참고 문헌의 뛰어난 저자들에게 신세를 진 셈이다. (목록에 극히 일부 자료들만 게재된 점, 사과드린다.) 광범위한 결과 중에는 완전히 모순되는 것들도 있었다. 하지만 그것이 과학 연구의 본질이다. 방법론이 바뀌면 결과의 속성도 바뀌는 법이다. 그래서 나와 같은 과학커뮤니케이터들은 가능한 한 폭넓게 읽고, 그 타당성과 맥락을 가늠하여, 사실에서 벗어나지 않길 바라면서, 정보들을 헤치고 나간다. 수의과 전문가들로부터 나온 의견이라 할지라도 과학적 연구 결과와 의견을 매우 명확하게 구분하여 전달하기 위해 최선의 노력을 기울였다. 고양이에 대해 배울 것들은 이것보다 훨씬 더 많으며, 새로 발표되는 모든 연구 논문은 우리가 고양이를 더 많이 이해하고 더 잘 돌보는 데 도움이 되고 있다.

● 전체

'애완동물 인구 2020' (PFMA)

pfma.org.uk/pet-population-2020

● 들어가며: 아주 비과학적인 소개말

'팩트+통계: 반려동물 통계' (보험정보연구소)

iii.org/fact-statistic/facts-statistics-pet-statistics

'미국 반려동물 소유 통계' (AVMA)

avma.org/resources-tools/reports-statistics/us-pet-ownership-statistics

● 1장 고양이는 어떤 동물일까?

'고양이(고양이과)의 계통 발생과 진화' by Lars Werdelin, Nobuyuki Yamaguchi&
    WE Johnson in Biology and Conservation of Wild Felids by DW Macdonald&
    AJ Loveridge (Eds) (Oxford University Press, 2010), pp59–82

researchgate.net/publication/266755142_Phylogeny_and_evolution_of_cats
    _Felidae

'고양이 가축화의 근동 기원' by Carlos A Driscoll et al, Science 317(5837)
    (2007), pp519–523

science.sciencemag.org/content/317/5837/519

'집고양이, 스코틀랜드 살쾡이, 구름표범, 눈표범, 아프리카사자의 성격 구조: 비교
    연구: A comparative study' by Marieke Cassia Gartner, David M Powell
    & Alexander Weiss, Journal of Comparative Psychology 128(4) (2014),
    pp414–426

psycnet.apa.org/record/2014-33195-001

● 2장 고양이의 몸

''집고양이의 자발적인 행동의 측면화' by Louise J McDowell, Deborah L Wells &
    Peter G Hepper, Animal Behaviour 135 (2018), pp37–43

sciencedirect.com/science/article/abs/pii/S0003347217303640#

'동물의 측면성' by Lesley J Rogers, International Journal of Comparative
    Psychology 3:1 (1989), pp5-25

escholarship.org/uc/item/9h15z1vr '서러브레드 말의 운동 및 감각 측면성' by

PD McGreevy & LJ Rogers, Applied Animal Behaviour Science 92:4 (2005), pp337–352

sciencedirect.com/science/article/abs/pii/S0168159104002916?via%3Dihub

'고양이 기관차 행동'

veteriankey.com/feline-locomotive-behavior

'고양이의 이동: 운동의 기본 프로그램' by S Miller, J Van Der Burg, F Van Der Meché, Brain Research 91(2) (1975), pp239–53

ncbi.nlm.nih.gov/pubmed/1080684

'단일 점 돌연변이를 지닌 다지증 고양이의 편향된 다발증: 손가락 새로움을 위한 헤밍웨이 모델' by Axel Lange, Hans L Nemeschkal & Gerd B Müller, Evolutionary Biology 41(2) (2013), pp262–75

'헤밍웨이의 집과 박물관'

hemingwayhome.com/cats

'동물의 눈에는 왜 다른 모양의 동공이 있습니까?' by William W Sprague, Jürgen Schmoll, Jared AQ Parnell & Gordon D Love, Science Advances 1:7 (2015), e1500391

advances.sciencemag.org/content/1/7/e1500391

'청결함은 경건함 옆에 있습니다: 청결함을 유지하기 위한 메커니즘' by Guillermo J Amador & David L Hu, Journal of Experimental Biology 218 (2015), 3164–3174

jeb.biologists.org/content/218/20/3164

'고양이의 체중-체표면적 변환' by Susan E Fielder, MSD Manual Veterinary Manual (2015)

msdvetmanual.com/special-subjects/reference-guides/weight-to-body-surface-areaconversion-for-cats

'고양이 생활 단계 지침' by Amy Hoyumpa Vogt, Ilona Rodan & Marcus Brown, Journal of Feline Medicine and Surgery 12:1 (2010)

journals.sagepub.com/doi/10.1016/j.jfms.2009.12.006

● **3장 약간 메스꺼울 수 있는, 고양이 해부학**

'집고양이의 대변을 이용한 종, 성별, 개체 인식의 화학적 기초' by Masao Miyazaki et al, Journal of Chemical Ecology 44 (2018), pp364–373 link.springer.com/article/10.1007/s10886-018-0951-3

'집고양이의 배설물 미생물군은 연령과 식단 간의 상호작용에 영향을 받는다.
   5년간의 종단 연구' by Emma N Bermingham, Frontiers in Microbiology
   9:1231 (2018)
frontiersin.org/articles/10.3389/fmicb.2018.01231/full

'인간, 개, 고양이의 장내 미생물: 현재 지식과 미래의 기회 및 과제' by Ping Deng
   & Kelly S Swanson, British Journal of Nutrition 113: S1 (2015), ppS6–S17
cambridge.org/core/journals/british-journal-of-nutrition/article/gut-
   microbiota-ofhumans-dogs-and-cats-current-knowledge-and-future-
   opportunities-and-challenges/D0EA4D0E254DD5846613CB338295D2D3/
   core-reader

《방귀학 개론: 세상 진지한 방귀 교과서》 by Stefan Gates (Quadrille, 2018)
   gastronauttv.com/books

'집고양이는 안천형 애착의 신호를 주인에게 보여 주지 않는다' by Masao
   Miyazaki et al, Journal of Chemical Ecology 44 (2018), pp364–373
link.springer.com/article/10.1007/s10886-018-0951-3

'고양이는 속이 빈 유두를 사용하여 타액을 모피로 흡수합니다' by Alexis C Noel
   & David L Hu, Proceedings of the National Academy of Sciences of the
   United States of America 115(49)(2018), 12377-12382

● 4장 고양이 행동에 관한 아주 이상한 과학

'고양이의 사회성: 비교 검토' by John WS Bradshaw, Journal of Veterinary
   Behavior 11 (2016), pp113–124
sciencedirect.com/science/article/abs/pii/S1558787815001549?via%3Dihub

'집고양이와 인간 사이의 애착 유대' by Kristyn R Vitale, Alexandra C Behnke &
   Monique AR Udell, Current Biology 29:18 (2019), ppR864–R865
cell.com/current-biology/fulltext/S0960-9822(19)31086-3

'집고양이는 안전형 애착의 신호를 주인에게 보여 주지 않는다' by Alice Potter &
   Daniel Simon Mills, PLOS ONE 10(9) (2015), e0135109
journals.plos.org/plosone/article?id=10.1371/journal.pone.0135109

'사회적 상호작용, 음식, 향기 또는 장난감? 국내 애완동물 및 보호소 고양이(Felis
   silvestris catus) 선호도 에 대한 공식적인 평가' by Kristyn R Vitale Shreve,

Lindsay R Mehrkamb & Monique AR Udell, Behavioural Processes 141:3 (2017), pp322–328

sciencedirect.com/science/article/abs/pii/S0376635716303424

'소음 없는 공은 없다: 고양이의 소음으로 인한 물체 예측' by Saho Takagi et al, Animal Cognition 19 (2016), pp1043–1047

link.springer.com/article/10.1007/s10071-016-1001-6

'고양이의 역설적 수면 부족의 행동 및 EEG 효과' by M Jouvet, Proceedings of the XXIII International Congress of Physiological Sciences(Excerpta Medica International Congress Series No.87, 1965)

sommeil.univ-lyon1.fr/articles/jouvet/picps_65/

'인간의 고통에 대한 애완견(Canisfamiliis)의 공감적 반응: 탐색적 연구' by Deborah Custance & Jennifer Mayer, Animal Cognition 15 (2012), pp851–859

ncbi.nlm.nih.gov/pubmed/22644113?dopt=Abstract

'인간의 또 다른 가장 친한 친구: 집고양이와 인간 감정 단서의 차별' by Moriah Galvan & Jennifer Vonk, Animal Cognition 19(2015), pp193–205

link.springer.com/article/10.1007/s10071-015-0927-4

'서호주 퍼스의 교외 변두리에서 애완용 고양이의 배회 습관: 보호 구역의 야생 동물을 보호하려면 어느 정도의 완충 구역이 필요한가?' by Maggie Lilith, MC Calver & MJ Garkaklis, Australian Zoologist 34 (2008), pp65–72

researchgate.net/publication/43980337_Roaming_habits_of_pet_cats_on_t he_suburban_fringe_in_Perth_Western_Australia_What_size_buffer_zone _is_needed_to_protect_wildlife_in_reserves

'동물 카메라를 사용하여 집고양이의 행동을 추적하는 방법' by Maren Huck & Samantha Watson, Applied Animal Behaviour Science 217 (2019), pp63–72

sciencedirect.com/science/article/abs/pii/S0168159118306373

'두 가지 다른 사육 조건에서 유지되는 집고양이의 총 활동 패턴의 일일 리듬' by Giuseppe Piccione et al, Journal of Veterinary Behavior 8:4 (2013), pp189–194

sciencedirect.com/science/article/abs/pii/S1558787812001220?via%3Dihub

'고양이의 귀환 능력' by Francis H Herrick, The Scientific Monthly 14:6 (1922), pp525–539 jstor.org/stable/6677?seq=1#metadata_info_tab_contents

'고양이와 개의 대상 영속성' by Estrella Triana & Robert Pasnak, Animal
    Learning & Behavior 9 (1981), pp135–139

link.springer.com/article/10.3758%2FBF03212035

'숨겨진 상자가 보호소 고양이의 스트레스를 줄여줄까요?' by CM Vinkea, LM
    Godijn & WJR van der Leij, Applied Animal Behaviour Science 160 (2014),
    pp86–93

sciencedirect.com/science/article/abs/pii/S0168159114002366

'고양이의 공격성'

aspca.org/pet-care/cat-care/common-cat-behavior-issues/aggression-cats

● 5장 고양이의 감각

'전기 생리학가 생태학의 만남: 밍믹진도 킴사늘 사봉하여 시각이 동물의 생활
    방식에 어떻게 맞춰지는지 조사' by Annette Stowasser, Sarah Mohr,
    Elke Buschbeck & Ilya Vilinsky, Journal of Undergraduate Neuroscience
    Education 13(3) (2015), A234–A243

ncbi.nlm.nih.gov/pmc/articles/PMC4521742/

'포유류 육식동물의 다량 영양소 섭취 균형: 맛과 영양의 영향 분리' by Adrian K
    Hewson-Hughes, Alison Colyer, Stephen J Simpson & David Raubenheimer,
    Royal Society Open Science 3:6 (2016)

royalsocietypublishing.org/doi/full/10.1098/rsos.160081#d14640073e1

'당질에 대한 고양이의 무관심은 단 수용체 유전자의 유사 유전자 형성에 의한
    것이다' by Xia Li et al, PLOS Genetics 1(1): e3 (2005)

journals.plos.org/plosgenetics/article? id=10.1371/journal.pgen.0010003

'고양이의 맛 선호도 및 식단 기호성' by Ahmet Yavuz Pekel, Serkan Barış
    Mülazımoğlu & Nüket Acar, Journal of Applied Animal Research 48:1
    (2020), pp281–292

tandfonline.com/doi/pdf/10.1080/09712119.2020.1786391

● 6장 고양이의 언어

'집고양이의 목소리화: 음운과 기능 연구' by Mildred Moelk, The American
    Journal of Psychology 57:2 (1944), pp184–205

jstor.org/stable/1416947?seq=1

'집고양이 목소리 내기; 음성학적 및 기능적 연구' by Atsuko Saito, Kazutaka
　　Shinozuka, Yuki Ito & Toshikazu Hasegawa, Scientific Reports 9:5394(2019)
nature.com/articles/s41598-019-40616-4

● **7장 고양이 그리고 인간**
'건강 증진을 위해 애완동물을 키울 것인가 말 것인가?' by Leena K Koivusilta &
　　Ansa Ojanlatva, PLOS ONE 1(1) (2006), e109
ncbi.nlm.nih.gov/pmc/articles/PMC1762431/
'고양이 소유와 치명적인 심혈관 질환의 위험성 제2차 국가 건강 영양 조사
　　사망률 추적 조사 결과' by Adnan I Qureshi, Muhammad Zeeshan Memon,
　　Gabriela Vazquez & M Fareed K Suri, Journal of Vascular and Interventional
　　Neurology 2(1) (2009), pp132–135
ncbi.nlm.nih.gov/pmc/articles/PMC3317329/
'관상동맥 치료실 퇴원 후 동물 동반자 및 환자의 1년 생존' by E Friedmann,
　　AH Katcher, JJ Lynch & SA Thomas, Public Health Reports 95(4) (1980),
　　pp307–312
ncbi.nlm.nih.gov/pmc/articles/PMC1422527/
'노인의 애완동물 소유 및 건강: 60~64세의 지역사회 기반 호주인 2,551명을
　　대상으로 한 설문 조사 결과' by Ruth A Parslow et al, Gerontology 51(1)
　　(2005), pp40–7
ncbi.nlm.nih.gov/pubmed/15591755
'애완동물 소유가 호주 노년층의 의료 서비스 이용에 미치는 영향: 메디케어
　　데이터를 이용한 분석' by AF Jorm et al, The Medical Journal of Australia
　　166(7) (1997), pp376–7
ncbi.nlm.nih.gov/pubmed/9137285
'침실에 있는 애완동물이 문제입니까?' by Lois E Krahn, M Diane Tovar &
　　Bernie Miller, Mayo Clinic Proceedings 90:12 (2015), pp1663–1665
　　mayoclinicproceedings.org/article/S0025-6196(15)00674-6/abstract
'반려동물을 여러 마리 키우면 어린이의 알레르기 위험이 감소할 수 있습니다'
https://www.niehs.nih.gov/news/newsroom/releases/2002/august27/
　　index.cfm

'톡소플라스마증은 숙주의 모든 두려움을 없애 줍니다'

unige.ch/communication/communiques/en/2020/quand-la-toxoplasmose-
ote-toutsentiment-de-peur/

'고양이 관련 인수공통감염병' by Jeffrey D Kravetz & Daniel G Federman,
Archives of Internal Medicine 162(17) (2002), pp1945-1952

jamanetwork.com/journals/jamainternalmedicine/fullarticle/213193

'고양이를 키우는 데 드는 비용'

battersea.org.uk/pet-advice/cat-advice/cost-owning-cat

'개를 키우는 데 드는 비용'

rover.com/blog/uk/cost-of-owning-a-dog/

'개와 고양이 알레르기: 진단 접근 방식 및 과제의 현재 상태' by Sanny K Chan &
Donald YM Leung, Allergy, Asthma & Immunology Research 10(2)(2018),
pp97–105

ncbi.nlm.nih.gov/pmc/articles/PMC5809771/

'개와 고양이의 음식 소비가 환경에 미치는 영향' by Gregory S Okin, PLOS ONE
12(8) (2017), e0181301

ournals.plos.org/plosone/article?id=10.1371/journal.pone.0181301

'기후 완화 격차: 교육 및 정부 권장 사항은 가장 효과적인 개별 조치를 놓치고
있다' by Seth Wynes & Kimberly A Nicholas, Environmental Research
Letters 12:7 (2017)

iopscience.iop.org/article/10.1088/1748-9326/aa7541

'미국의 야생 동물에 대한 방목 고양이의 영향' by Scott R Loss, Tom Will & Peter
P Marra, Nature Communications 4, 1396 (2013)

nature.com/articles/ncomms2380

'고양이가 새 감소를 유발하고 있는가?'

rspb.org.uk/birds-and-wildlife/advice/gardening-for-wildlife/animal-
deterrents/cats-and-garden-birds/are-cats-causing-bird-declines/

● 8장 고양이 vs 개

'애완동물 인구 2020' pfma.org.uk/pet-population-2020

'개는 가장 큰 뇌는 아니지만 가장 많은 뉴런을 가지고 있습니다. 대형 육식동물
종의 대뇌 피질에 있는 뉴런 수와 체질량 사이의 균형' by Débora Jardim-

Messeder et al, Frontiers in Neuroanatomy 11:118 (2017)

frontiersin.org/articles/10.3389/fnana.2017.00118/full

'북미 개과 동물의 다양화에서 계통 경쟁의 역할' by Daniele Silvestro, Alexandre
   Antonelli, Nicolas Salamin & Tiago B Quental, Proceedings of the National
   Academy of Sciences of the United States of America 112(28) (2015),
   8684-8689

pnas.org/content/112/28/8684

'자칭 '개 사람'과 '고양이 사람'의 성격' by Samuel D Gosling, Carson J Sandy &
   Jeff Potter, Anthrozoös 23(3) (2010), pp213–222

researchgate.net/publication/233630429_Personalities_of_Self-Identified_Do
   g_People_and_Cat_People

'고양이 사람, 개 사람' (페이스북리서치)

research.fb.com/blog/2016/08/cat-people-dog-people/

● 9장 고양이의 먹이

'실시간 중합효소 연쇄반응(PCR) 분석을 사용한 애완동물 사료 내 육류 종 식별'
   by Tara A Okumaa & Rosalee S Hellberg, Food Control 50(2015), pp9–17

sciencedirect.com/science/article/abs/pii/S0956713514004666

'애완동물 사료' (식품기준청)

food.gov.uk/business-guidance/pet-food

'애완동물 사료산업의 역사'

web.archive.org/web/20090524005409/petfoodinstitute.org/
   petfoodhistory.htm

'포유류 육식동물의 다량 영양소 섭취 균형: 맛과 영양의 영향 분리' by Adrian K
   Hewson-Hughes, Alison Colyer, Stephen J Simpson & David Raubenheimer,
   Royal Society Open Science 3:6 (2016)

royalsocietypublishing.org/doi/full/10.1098/rsos.160081#d14640073e1

'고양이와 개의 차이점: 영양학적 관점' by Veronique Legrand-Defretin,
   Proceedings of the Nutrition Society 53:1 (2007)

cambridge.org/core/journals/proceedings-of-the-nutrition-society/
   article/differences-between-cats-and-dogs-a-nutritional-view/
   A01A77BABD1B6DDD500145D7A02D67A5